우정의 미적분

The Calculus of Friendship

우정의 미적분

The Calculus of Friendship

스티븐 스트로가츠 지음

김일선 옮김

프시케의숲

조프레이 선생님께,
그리고 그와 같은
세상 모든 곳의 선생님들께

일러두기

1. 외래어 표기는 국립국어원의 표기법을 따르되, 관행에 따라 일부 예외를 두었다.
2. 단행본, 잡지, 학회지, 언론매체는 《 》로, 시, 기사, 논문, 영상 등은 〈 〉로 표기했다.
3. 하단 각주는 모두 옮긴이 주이다.

Contents

지난 30년 동안, 나는 고등학교 시절 미적분 교사였던 돈 조프레이 Don Joffray 선생님과 지속적으로 편지를 주고받았다. 선생님은 이 기간 동안 교사로서 활발히 활동한 뒤 은퇴했고, 취미로 즐기던 급류 카약은 국제 경기에 출전하는 수준에까지 도달했으며, 한편으론 아들을 잃는 슬픔도 겪었다. 수학을 좋아하는 10대였던 나 자신은 아이비리그 대학교의 교수로 성장했고, 부모님의 갑작스런 죽음도 마주해야 했으며, 첫 결혼은 실패로 끝나고 말았다.

그러나 과거에 이런 사건들이 있었다는 것이 핵심이 아니고(30년의 세월이라면 얼마든지 일어날 수 있는 일들이다), 선생님과 주고받은 편지에 이런 일이 거의 언급되지 않았다는 점이 오히려 중요하다. 선생님과 나눈 편지, 그리고 우정의 바탕은 오로지 미적분에 대한 우리 둘의 애정이었다.

이 관계가 얼마나 특이한 것인지는 캐럴Carole(나는 다행히 재혼해서 지금은 행복하게 지내고 있다)이 "선생님과 30년째 편지를 주고받고 있다고? 그럼 정말 서로를 잘 알겠네"라고 웃으며 말할 때 비로소 깨달을 수 있었다. "딱히 그런 건 아니야. 그냥 수학 문제에 대한 편지를 주고받는 거니까"라고 대답하자 그녀는 "정말 남자들의 세계네"라며 고개를 절레절레 흔들었다.

어쨌거나 그 덕분에 생각을 다시 해보게 되었다. 내가 선생님에 대해서 아는 게 뭐지? 왜 둘 사이에 이야기하지 않은 게 그렇게 많은 거지? 한편으로 생각하면 선생님과 나 둘 다 편지를 주고받으면서 즐거워했으니 딱히 이상한 것도 아니지 않을까?

이런 의문은 좀처럼 마음속에서 떠나지 않았다. 답을 찾을 수 있을지, 찾아봐야 할지조차 가늠하기 힘들었다. 그저 서랍을 열고 수학 문제에 관해 오간 편지가 담긴 녹색 파일철을 물끄러미 바라보고 있는 나 자신을 발견할 수 있을 뿐이었다.

$$\int \quad \int \quad \int$$

조프레이 선생님에게 미적분을 배울 때 나는 열다섯 살이었다. 당시 그에겐 이전에 내가 배웠던 다른 교사들과 분명하게 다른 점이 있었다. 선생님은 과거에 가르쳤던 학생 중 몇 명을 아주 높이 평가했고, 그들에 대한 이야기를 종종 들려주었으며, 그들이 마치 고대 그리스 신전에 모셔진 수학의 신인 것처럼 치켜세웠다. 선생님은 나에 대해선 수학 교사라기보다는 팬fan에 더 가까운 것 같았고, 내가 만들고 풀어내는 수학 문제들을 보며 경탄하곤 했다. 자신을 가르치는 교사가 이렇게 학생을 올려다보니 나로서는 조금 이상한 느낌이 들 수밖에 없었다. 하지만 신경이 쓰인다고 얘기할 수도 없는 노릇이었다.

학교를 졸업하고 나서도, 무엇 때문인지 선생님과 계속 연락을 주고받아야 할 것 같은 생각이 들었다. 처음 보낸 편지의 내용은 대학에서 배우며 마주친 수학 문제들 중에서 선생님이 보면 매우 흥미로워할 것 같은 문제들에 관한 것이었다. 편지를 자주 보낸 건 아니었고, 대체로 1년에 한 통 정도였다. 선생님은 분명히 내게 답장을 보내주었지만 그 편지들은 지금 남아 있지 않다. 그때는 편지를 보관할 생각조차 하지 못했으니까.

편지가 활발하게 오가기 시작한 건 내가 대학 교수의 삶을 시작한 시기인, 고교 졸업 후 10년이 지난 때였다. 그것도 항상 똑같은 패턴이었다. 선생님이 맡은 최고 학년 수학 시간에 학생이 던진 질문 중에서 선생님이 풀기 힘든 문제가 담긴 편지를 보내며 도움을 청하는 식이었다. 물론 편지를 받으면 언제든 하던 일을 제쳐두고 도움을 드리려고 했다. 그 질문들은 미적분의 정해진 길에서 살짝 벗어난, 작지만 매혹적인 문제들이었다. 그러나 아마 더 중요한 점은, 그것들이 수학을 설명할 기회를 내게 주었다는 사실일 것이다. 그것도 수학 공부를 사랑하는 사람에게, 다시 말해 어떤 교사에게든 가장 이상적인 학생, 곧 완벽한 준비를 갖추고 배움에 대한 기쁨과 감사의 마음이 분명히 드러나는 사람에게 말이다.

하지만 몇 년 전 은퇴로 인해 더 이상 선생님에게 수학적 자극을 줄 학생들이 없어지면서, 자연스럽게 그와 나 사이의 편지 왕래도 예전 같지 않아졌다. 빈도가 줄어든 것이 아니라(오히려 그는 더 자주 편지를 보냈다), 담긴 내용의 깊이가 예전 같지 않았고 꼬박꼬박 답장을 하지 못했다는 의미다. 한마디로 선생님의 열정에 내가 맞춰주기 힘든 지경에 이르렀다고 할 수 있다. 물론 그는 내가 대학 업무와 새로 꾸린 가정을 돌보느라 얼마나 바쁠지 충분히 이해하니 신경 쓰지 말라고 하긴 했다. 하지만 어쩐지 서로 멀어지는 듯한 느낌이 드는 건 부인하기 힘들었다. 아이러니하게도, 그 무렵의 나는 그가 고등학교에서 나를 가르치던 때와 같은 나이가 되어 있었다.

2004년 1월에도 편지가 왔다. 하지만 이번에는 봉투를 보는 순간 마음이 불안해졌다. 떨리는 손으로 쓴 것이 분명한 흐트러진 글씨를 보자, 파킨슨병을 앓던 때의 아버지가 떠올랐기 때문이었다.

~~~~~~~~~~

스티브에게,

2004년 1월 17일, 토

에휴, 지난 목요일 정오쯤에 가벼운 뇌졸중이 와서 (글씨 쓰는 손인) 오른손의 감각을 잃고 말았네. 몇 시간이 지나니까 손가락을 펴고 오므릴 수는 있게 되었고, 쥐는 힘도 어느 정도 돌아오긴 했지만, 아아, 예전 같진 않아! X@%X! 한 손밖에 못 쓰는 피아니스트를 찾는 사람이 없을 테니, 내일 예정되어 있는 재즈 사중주 공연은 포기해야겠지….

~~~~~~~~~~

삶의 종착점이 힐끗 모습을 드러내자 최근에 내가 얼마나 선생님에게 무심하게 대해왔는지 느낄 수 있었다. 당장이라도 내게 수학을 알려준 존재인 그를 만나러 가야만 한다는 생각이 들었다.

∫ ∫ ∫

미적분은 변화에 대한 수학적 탐구다. 미적분의 본질은 창시자 아이작 뉴턴이 붙였던 원래의 명칭인 "플럭션스fluxions"에 가장 잘 담겨 있다. 이 이름은 움직임을 멈추지 않으면서 끊임없이 펼쳐지는 체계들을 떠오르게 한다.*

미적분과 마찬가지로, 이 책 또한 변화에 대한 탐구다. 어느 학생과 교사가 역할을 바꾸면서, 또 나이를 먹어가면서, 또 삶 그 자체에 흔들리면서, 한 학생의 마음속에서 일어나는 변화에 대해 다루기 때문이다. 이 모든 변화 속에서도 그들을 하나로 묶는 것은 미적분에 대한 사랑이다. 이 둘에게 미적분은 학문 이상의 무엇이다. 함께 즐기는 게임이며(우정의 토대가 되곤 하는), 주변의 모든 것이 흐르는 가운데서도 변치 않는 상수常數다.

---

* 영어 'flux'는 흐름, 유동 상태 등을 뜻한다.

제1장
연속성
1974~1975

미적분이라는 분야는 연속성continuity의 개념을 바탕으로 꽃을 피운다. 미적분의 핵심 개념은 '모든 것은 매끄럽게 변화한다'는 가정을 바탕으로 하고 있으며, 무엇이건 아주 바로 전에 비하면 거의 무한히 작은 만큼만 변해 있다고 본다. 영화가 그렇듯, 미적분도 현실 세계를 짧은 순간이 연속된 것으로 나누어 바라보고, 이를 마치 각각의 장면처럼 다시 하나씩 꿰어 맞춘다. 이렇게 감지할 수 없을 정도로 작은 변화가 계속되어 매끄러운 흐름이라는 환영을 만들어내는 것이다.

변화를 이런 방식으로 바라보는 것(어쩌면 인류가 생각해낸 최고의 아이디어일 수도 있다)이 얼마나 효과적인지는 이미 설명조차 필요 없을 정도로 충분히 드러나 있다. 미적분 덕분에 달까지 갈 수도 있으며, 빛의 속도로 통신을 할 수도 있고, 폭이 몇 킬로미터나 되는 강을 가로지르는 다리도 세울 수 있으며, 전염병이 퍼지는 것도 멈출 수 있다. 미적분이 아니었다며 지금의 문명은 이루어질 수 없었다.

하지만 다른 면에서 바라보면, 미적분은 마치 그저 행복하기만 한 어린아이처럼 기본적으로 순진하다고 이야기할 수 있다. 누구나 변화가 급격히, 연속성이라곤 찾아볼 수 없이 고통스럽게 일어나기도 한다는 걸 경험적으로 안다. 그런데 미적분은 이런 사고가 일어나지 않는, 원인에서 결과가 논리적으로 연결되는 세계를 전제한다. 초깃값과 운동 법칙만 주어진다면 미적분을 이용해서 미래를 예측하거나, 심지어 과거를 다시 알아낼 수도 있다고 말한다.

할 수만 있다면 나는 당장이라도 그러고 싶었다. 하지만 안타깝게도 선생님과 주고받은 편지는 불연속성discontinuity투성이었다. 많은 편지들을 잃어버렸거나 버린 지 오래였고, 남아 있는 것들도 단편적이며 감정 표현이 절제되어 있었다. 때로는 부분적으로만 정확하거나, 낙관적인 포장, 혹은 의도적인 생략이 섞여 있기도 했다.

$$\int \quad \int \quad \int$$

그때는 내가 고등학교 2학년이던 1974년 봄 학기로, 나는 또 다른 수학 교사인 존슨 선생님이 맡은 미적분 준비과정을 수강하고 있었다. 그는 MIT 출신으로 키가 크고 아주 진지한 성품이었다. 나이는 서른다섯에서 마흔 정도였으며, 매우 공정했지만 미소와는 거리가 멀었다.

학생들 중에는 같은 과목을 조프레이 선생님에게 배우는 친구들도 있었다. 나는 그에게 말을 걸어본 적도 없었고, 그에 대해 별로 아는 것도 없었다. 다만 조프레이 선생님이 급류 카약 전국 챔피언이었다는 소문은 들었다. 넓은 가슴, 다부진 팔다리, 짧게 깎은 머리는 누가 봐도 인상적이었다. 마치 전쟁영화에서 많이 보았던 리 마빈Lee Marvin을 더 강하게 만든 듯한 모습이었다.

미적분에서 가장 기본적이면서 어려운 개념인 '연속성'의 엄밀한 정의에 대해 배울 때, 존슨 선생님은 어느 선생님도 하지 않았던 이야기를 꺼냈다. 찜찜한 느낌이 드는 말이었다. 그는 우리가 이해하지 못할 몇 가지 개념을 제시할 것이지만, 그럼에도 반드시 그것을 거쳐 가야 한다고 말했다. 그것은 바로 '연속성의 $\varepsilon-\delta$(엡실론 – 델타) 정의'였다.

> 함수 f가 점 x에서 연속이라는 것은, 임의의 $\varepsilon > 0$에 대해 어떤 $\delta > 0$가 존재하여, $|x-y| < \delta$이면 항상 $|f(x) - f(y)| < \varepsilon$가 되는 것을 말한다.

선생님은 이 과목을 들으면서 위의 정의를 너덧 번은 보게 될 테고, 볼 때마다 그 의미를 조금씩 더 이해하게 되겠지만 지금은 처음이니까 일단 시작해보자고 이야기했다.

정말 어려웠다. 많은 학생들이 이 $\varepsilon-\delta$ 논증의 논리를 따라가느라 골머리를 썩었다.

그러던 중, 조프레이 선생님의 강의에서는 같은 내용을 굉장히 다르게 가르친다는 이야기가 들렸다. 심지어 ε과 δ가 무엇인지 설명하려고조차 하지 않고, 연속 함수란 "종이에서 연필을 떼지 않고 그릴 수 있는 그래프"라고 정의한다고 했다.

그것만으로도 나는 많은 것을 짐작할 수 있었다. 물론 그것은 '연속성'을 직관적으로 이해하는 방법이긴 했다. 하지만 거기서 멈추는 것은, 고등학교 2학년이던 내게는 그저 쉽게만 설명하려는 모습으로 다가왔다. 느슨하고, 핵심을 비껴가려는 것으로도 보였다. 당연히 조프레이 선생님의 실력이 아주 좋지는 않은 게 아닌가 하는 의심을 품게 되었고, 존슨 선생님 반에 속해서 정말 다행이라는 생각이 들었다.

♪　♪　♪

이듬해에 나는 조프레이 선생님이 가르치는 반에 속하게 되었다. 비로소 가까이에서 직접 선생님의 실력을 가늠해볼 기회가 생긴 셈이었다. 당당한 체격은 역시 인상적이었다. 이제껏 악수해본 손 중에서 가장 큰 손이었고 내 손은 선생님의 손에 가려서 보이지도 않았다. 칠판에 판서를 하실 때면 한 획을 그을 때마다 분필이 부서져나갔다. 분필 가루와 조각이 튀었고, 수업이 끝날 즈음이면 그는 온몸이 하얀 가루투성이가 되어 있었다.

선생님은 야외 활동을 몹시 즐기는 것 같았다(나는 전혀 그렇지 않았다. 테니스와 야구는 했지만, 벌레가 들끓는 숲은 좋아하지 않았고, 카누나 등산 같은 것도 질색이었다). 졸업앨범에는 선생님이 무엇을 즐기는지가 잘 담겨 있었다. 높은 나무에 올라 직접 설치한 새집을 확인하는 모습이었다. 선생님은 '다윈 클럽'이라는 동아리의 지도 교사이기도

했다. 무슨 활동을 하는 모임인지 나로선 짐작조차 가지 않았지만, 아무튼 야외 자연 활동 같은 것들이었을 것이다.

그건 그렇고, 선생님의 수업은 어땠을까? 한마디로 신나고 재미있었다. 편안한 분위기였다고 해도 좋겠다. 선생님은 밝은 성격인데다 친근했으며, 언제나 열정적이었다. 다만 그 열정이 향하는 대상은 조금 엉뚱했다. 한번은 교실로 성큼성큼 들어와서는 나무에 긴 줄로 묶인 염소 이야기를 꺼내신 적이 있다. 고집 센 염소는 줄이 팽팽해졌는데도 그저 나무에서 벗어날 생각으로 앞으로 나가려고만 하다가, 결국 나무를 점점 더 촘촘히 감아 도는 나선 속으로 스스로를 옭아매고 만다. 선생님은 우리더러 이 염소가 움직인 나선 모양

궤적의 방정식을 구해보라고 했다.

어떻게 해야 할지 아무런 생각도 떠오르지 않았다. 세련되고 진지하며, 화려한 MIT 경력을 자랑하던 존슨 선생님과는 전혀 달랐다. 도무지 가늠하기 어려운 사람에게 배우고 있다는 느낌을 지울 수 없었다.

하지만 선생님은 대단히 명랑한 분이었기에, 그게 그다지 문제될 건 없었다.

수학 자체는 흥미로웠고 내게 쉽게 느껴졌다. 책만으로도 혼자 충분히 익힐 수 있었다. 자연과 관련된 엉뚱한 문제들 외에, 내가 선생님의 수업시간에 특별히 더 배운 것은 없었다.

선생님은 수업 중에 갑자기 이전에 가르친 뛰어난 학생들에 대한 이야기를 할 때가 종종 있었다. 그럴 때면 어김없이 뭔가 계산을 하다 말고 몽상에 빠지며 먼 곳을 바라본 채 미소를 띠곤 했다. 그러고는 낮은 목소리로, 제이미 윌리엄스Jamie Williams가 피보나치 수열의 n번째 항에 대한 공식을 적어 냈던 이야기를 해주겠다고 말했다.

실제로 그 학생은 대단히 칭찬받을 만했다. 잘 알다시피, 피보나치 수열은 0, 1, 1, 2, 3, 5, 8, 13, 21, 34…로 이어진다. 0과 1로 시작하고 이후로는 앞의 두 수를 더한 값이 그다음 수가 되는 식이다. 문제는 $F_0 = 0$이고 $F_1 = 1$일 때 n번째 항인 F_n에 대한 공식을 찾는 것이다. F_{100}이나 F_{1000}을 알고 싶은데, 중간 항을 100번 혹은 1,000번 더하고 싶진 않을 것이다. 손쉽게 n번째 값을 구하는 식은 없을까? 답은 놀랍다.

$$F_n = \frac{(1+\sqrt{5})^n - (1-\sqrt{5})^n}{2^n\sqrt{5}}$$

제이미 윌리엄스라는 선배는 대체 이걸 어떻게 구했던 걸까?

∫　∫　∫

세월이 흐른 지금, 내가 바로 나무에 묶인 염소이고 조프레이 선생님이 나무였다는 것을 깨닫는다. 나는 줄을 잡아당기며 그에게서 벗어나보려 했지만, 오히려 해가 갈수록 점점 더 그에게 가까이 얽혀 들어가는 결과가 되고 만 셈이었다.

왜 그렇게 된 걸까? 그가 내게 많은 수학적 가르침을 주었기 때문은 아니었다. 오히려 선생님은 아주 소박하고 단순한 접근을 취했기 때문에 나는 혼란스러울 때가 많았다. 심지어 내가 선생님보다 더 뛰어나다고 느끼기까지 했다. 인정하기 부끄럽지만 사실이다.

선생님의 수업은 다음과 같은 식이었다.

아주 부드럽게 문제를 하나 제시하고는 어떠한 강요도 없이 슬쩍 옆으로 빠진다. 그러면 나와 벤 파인Ben Fine이 누가 문제를 먼저 푸는지 경쟁하는 경우가 많았다. 둘 다 풀어내는 경우에는 누가 더 '잘' 풀어냈는지를 따졌다.

벤은 나보다 한 살 어렸는데 작고 올빼미 같은 인상의 영리한 아이였고, 관심사도 성숙했다(이 친구 옆에 있으면 나는 늘 둔해진 듯한 느낌을 받았다). 그의 수학 스타일은 느긋한 천재 그 자체였다. 아무것도 적지 않은 채 질문을 곱씹었다. 한마디로 '철학자'였다. 그러다 갑자기 몇 줄의 방정식을 쓱 써내리고 허술한 스케치를 한두 개 그린 뒤 짜잔! 하고 문제를 풀어버렸다.

그에 비하면 나는 '막일꾼' 같았다. 결코 벤만큼 명석하지 않았다(돌이켜보면 그 친구는 수학에 대한 재능이 나보다 훨씬 뛰어났다). 나는 아주 거친 스타일이었다. 항상 문제를 낱낱이 부수는 방법을 찾으려고 했다. 설령 몇 시간이고 계산을 해야 해서 그 과정이 우아하지도 않고 노력도 많이 들더라도, 결국에는 정직한 수고 끝에 해답이 찾아질 거라는 믿음이 있었기에 개의치 않았다. 사실 나는 수학의 그런 면을 좋아했다. 그 안에는 일종의 정의가 깃들어 있었다. 올바르게 시작해 성실히 수행하고 모든 것을 정확히 해낸다면, 비록 힘든 과정이겠지만 결국에는 논리에 의해 승리가 보장된다. 해답이 곧 보상이었다.

수식이라는 연기가 걷히는 모습에서 나는 커다란 희열을 느꼈다.

그리고 또 하나의 보상이 있었다. 조프레이 선생님은 놀라울 만큼 열성적인 응원단장이었다. 그는 마치 토끼와 거북이 같았던 벤과 나를 지긋이 바라볼 때가 종종 있었는데, 눈빛에 거의 경외감에 가까운 감탄과 행복감이 깃들어 있었다.

3학년이 끝날 무렵 열린 학년말 시상식 때였다. 수학과 과학 과목의 일등 학생에게 주는 렌슬리어 상의 수상자로 내 이름이 불렸고, 기억이 맞다면 조프레이 선생님이 축하 연설을 해주었다. 그는 나를 수학이라는 산에 올랐다가 그곳에서 본 것들을 이야기로 가지고 내려오는 등산가에 비유했다.

나를 너그럽고 영웅적인 인물로 그려낸 것이었다.

제2장
추적
1976

학교에 개설된 수학 과정을 모두 마친 뒤, 나는 졸업반이 되자 조프레이 선생님과 관계없이 혼자서 수학을 공부하기 시작했다. 텅 빈 교실에서 매일 한 시간씩 홀로 앉아 다변수 미적분 교과서를 보거나, 하위헌스의 사이클로이드 진자 방정식을 유도해보곤 했다.

일종의 연구 같은 걸 한 적도 있었는데, 주로 무언가를 쫓는 것에 관한 것이었다. 수학자들이 '추적pursuit 문제'라고 부르는 것에 나는 완전히 매료되었다.

처음에 맞닥뜨린 추적 문제는 조프레이 선생님이 알려주신 것이었는데, 대략 이런 내용이었다. 한 우체부가 자신을 뒤쫓는 개를 피해 달아나려고 한다. 그는 최초의 출발점에서 일정한 속도 v로 직선 방향으로 달린다. 한편 개는 이 직선상이 아닌 다른 곳에서 출발해서 일정한 속도 w로 달리는데, 항상 우체부의 현재 위치를 정확히 향하도록 매 순간 즉시 방향을 튼다. 이때 개가 달리는 궤적의 방정식을 구하라.

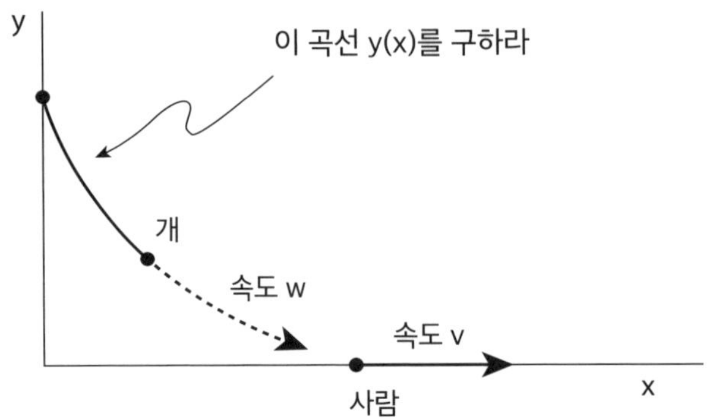

또 하나의 문제는 그야말로 조프레이 선생님다운 문제였다. 한 사람이 카약을 타고 강을 가로질러 건너편 강둑의 어떤 지점에 도달하려고 한다. 그런데 그는 고집이 세고 썩 총명한 사람은 아니어서, 강물에 떠밀려 계속 하류로 흘러가는데도 항상 처음의 목표 지점을 향해서만 노를 젓는다.

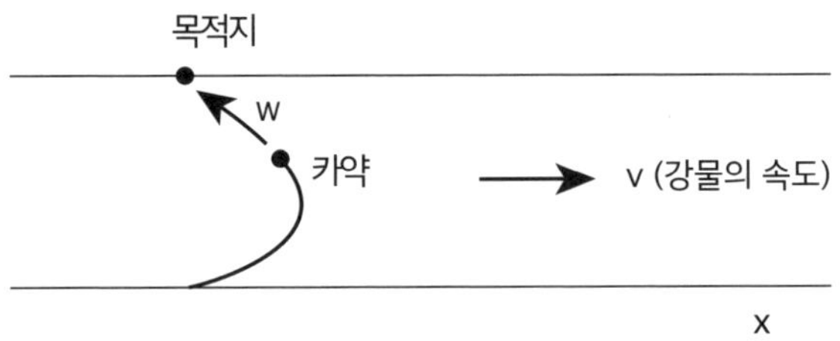

강물이 일정한 속도 v로 흐르고, 카약도 강물에 대해 일정한 속도 w로 움직인다고 가정하자. 이때 카약의 궤적을 표현하는 방정식을 구하라.

이 두 가지 추적 문제(우체부와 개, 카약)는 모두 미분방정식의 연습문제다. 여기에는 미적분이 다루려는 핵심이 다 담겨 있다. 바로 흐름과 변화다. 미분방정식은 어떤 계system가 끊임없이 변하는 힘에 어떻게 반응하며 움직이는지를 나타낸다. 모든 밀고 당김은 그 계를 또 다른 상태, 또 다른 위치로 조금씩 밀어내고, 그곳에서는 다시 다른 힘이 작용한다. 예를 들어 개와 우체부 문제에서, 사람이 계속 움직이므로 개는 자신의 방향을 계속 바꿔야 한다. 그것도 '즉각적으로' 말이다.

'무한히 짧은 순간에 일어나는 일을 다룬다', 이것이 바로 미적분 전체를 떠받치는 숨 막히는 발상이다. 그렇게 말로는 붙잡기 힘든 개념을 실제로 다룰 수 있게 만들어, 강력한 예측 도구로 바꾸는 것이다. 여기서는 개가 '목표를 향한다', 즉 달리는 방향을 매순간 바꾼다는 사실을 미분방정식으로 표현할 수 있다. 그리고 이 방정식을 풀면 개가 달리는 전체 경로를 알게 된다. 이 궤적은 개가 목표물을 향해 내딛는 무한히 작은 순간마다의 움직임이 모여서 만들어진다.

이 세계관(모든 것은 무한히 작은 변화들의 누적이다)이야말로 미적분의 가장 혁명적인 통찰이다. 이런 발상을 실제 작동하는 수학으로 바꾸려는 노력의 결실이 1600년대에 등장한 미적분이다. 뉴턴이 하고 싶었던 건 행성의 움직임을 계산하는 것이었는데, 그는 행성들이 끊임없이 변화하는 중력의 작용을 받고 있다고 생각했다. 태양을 도는 동안 행성은 태양과의 거리를 바꾸고, 그에 따라 느끼는 중력의 끌림도 달라진다. 그러면 그 힘이 다시 다음 순간의 위치를 결정하고, 그곳에서는 또 조금 다른 힘이 작용한다. 이 과정이 끝없이 이어진다. 결국 행성의 움직임을 풀어내는 문제는 미분방정식의 문제가 된다.

추적 문제를 풀다 보면, 마치 뉴턴과 동료가 된 듯한 기분이 든다. 아니, 단순히 기분이 아니라 실제로도 그렇다. 나는 미적분의 그런 점이 좋았다.

∫ ∫ ∫

조프레이 선생님이 던져준 추적 문제들은 까다롭긴 했지만, 결국에는 어떻게든 풀 수 있는 것들이었다. 그런 고분고분한 문제들은 수학에는 정의가 깃들어 있다는 내 믿음을 더욱 굳혀주었다. 해야 할 일은 그저 글로 표현된 문제를 알맞은 방정식으로 표현하고, 적절한 값으로 바꾼 다음, 침착하고 논리적으로 한 단계씩 계산을 해나가며, 어떤 실수도 하지 않는 것이었다. 그러면 틀림없이 정답을 손에 넣을 수 있다. 그럴 수밖에 없었다.

뭔가 잘못된 것 같다는 생각이 희미하게 들기 시작한 건, 나 스스로 직접 문제를 만들어보려 했을 때였다. 그 문제는 그동안 풀어본 다른 추적 문제들과 비슷해 보였지만, 어째서인지 유난히 완고하게 버텼다. 이 문제를 붙들고 몇 달을 보냈다. 당혹스럽고 조바심이 나면서도 한편으로는 묘하게 달콤했다. 충분한 노력만 기울이면 반드시 풀 수 있으리라 느꼈고, 그렇게 쌓인 몇 달의 좌절감이야말로 그 정복을 더욱 달게 만들어줄 것이라 믿었다.

내가 만든 문제는 이랬다. 동그란 연못의 중심에 있는 개가 연못 가장자리를 돌고 있는 오리를 바라보고 있다. 개는 오리를 향해 항상 바로 방향을 틀어 헤엄치며 쫓는다. 그러니까 개의 속도 벡터는 항상 개가 오리를 향하는 방향에 놓여 있다는 뜻이다. 한편 오리는 연못의 가장자리를 따라 반反시계 방향으로 가능한 한 빠른 속도로 헤엄쳐서 쫓아오는 개를 따돌리려 한다. 개와 오리의 헤엄치는 속도가 서로 같고 일정하다고 가정할 때, 개가 움직이는 경로를 표현하는 방정식을 구하라.

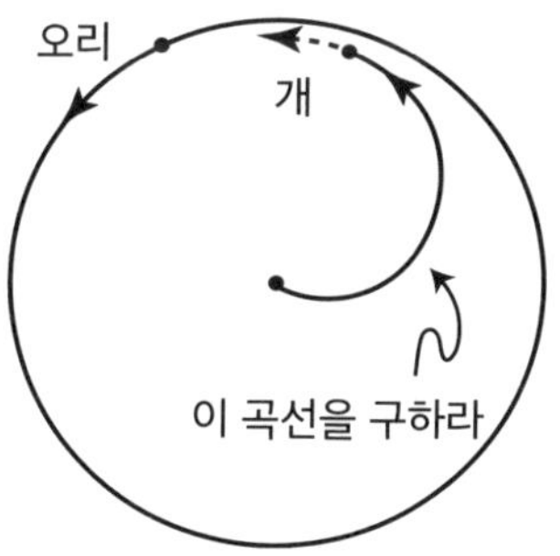

이 경로의 모습은 당연히 오리가 있는 원에 점점 가까워지지만 결코 닿지는 못하는 어떤 나선이다. 그렇다면 이 나선의 방정식은 무엇일까?

줄에 묶인 염소가 자신을 점점 더 나무에 옭아매는 나선의 경로와 달리, 이 나선은 중심에서 점점 더 바깥으로 뻗어나가되, 결코 넘어설 수 없는 원형 경계에 의해 제한된 '확장하는' 나선이다.

매혹적인 모습의 곡선이다.

하지만 그것을 계산해낼 수 없었다. 생각해볼 수 있는 모든 변수를 동원해봤고, 심지어 문제를 단순화해서 풀 수 있을 것 같은 아름다운 미분방정식으로 표현해보기도 했다. 하지만 여전히 풀 수 없기는 마찬가지였다.

그때의 나는 어떤 수학 문제들은 풀 수가 없다는 사실을 모르고 있었다. 문제에 따라서는 명확한 해가 존재하지 않는 경우가 있다. 이 문제의 경우에도 개가 움직이는 나선형 경로를 표현하는 공식은 없다.

우리에게 익숙한 기본적인 수학 함수들로는 그 경로를 표현할 수조차 없다. 말하자면 우리의 언어가 그 일을 감당하지 못하는 것이다.

한참이 지난 후에야 나는 이것이 예외가 아니라 오히려 표준이라는 사실을 깨달았다. 동일한 의미에서, 대부분의 미분방정식은 풀 수 없다. 우리가 알고 있는 수학 공식들은 그런 문제들을 모두 해결하기에는 턱없이 빈약하다. 그렇기에 해를 구할 수 있는 몇몇 문제들(고등학교에서 배우는 문제들)이 더욱 소중하게 느껴진다.

제3장

상대성

1977

상대성relativity 이론의 토대는 공감이다. 일상에서 말하는 감정적 공감을 가리키는 게 아니다. 엄격한 과학적 의미에서의 공감을 말한다. 그 핵심 발상은, 나와는 다른 방식으로 움직이고 있는 누군가에게 사물이 어떻게 보일지를 상상하는 데 있다.

지구가 태양 주위를 돈다는 주장이 말도 안 되는 이야기로 들리던 시절, 갈릴레오는 자신의 이론을 믿지 못하는 사람들에게 커다란 배의 갑판 아래에 갇혀 있는 상황을 상상해보라고 했다. 창문도 없고, 해안선이 지나가는 모습을 볼 수도 없다. 만약 바다가 잔잔하고 배가 일정한 속도로 곧장 항해하고 있다면, 대체 배가 움직이고 있다는 사실을 어떻게 알아낼 수 있을까? 절대로 알 수 없다. 어떠한 것을 관찰해도 배가 정지해 있을 때와 완전히 같을 것이다. 와인 병을 기울이면 육지에서와 마찬가지로 곧바로 아래로 떨어진다. 왜냐하면 선실 안에 있는 모든 것(가구도, 공기도, 와인도)이 배의 움직임에 따라 동일하게 움직이기 때문이다. 같은 논리로, 갈릴레오는 지구가 움직이고 있어도 우리가 그것을 느끼지 못할 수도 있다고 말했다.

300년이 지난 뒤, 아인슈타인은 자신이 빛의 줄기 옆에서 나란히 움직이고 있다면 무엇을 보게 될까를 상상해봤다. 혹시 전자기파는 맥스웰 방정식을 어기며 정지해 있는 것처럼 보일까? 멀리 떨어진 곳에 있는 시계는 멈춰버린 것처럼 보일까? 이런 의문이 발단이 되어 시간과 공간, 질량과 에너지에 대한 기존의 관념을 뒤흔든 특수 상대성 이론이 탄생했다. 이후에 아인슈타인은 추락하는 승강기 안에 있는 관찰자가 보기에 물리 법칙이 어떤 모습으로 나타날지를 고민했다(물론 그 상황에서도 관찰자가 평정심을 유지한다고 가정하고).

10대 소년이었던 내게 아인슈타인은 숭배의 대상이었다. 그의 천재성은 물론, 그가 보여준 상냥함 때문이기도 했다. 조금 어이없게 들릴 수도 있지만, 내가 프린스턴대학에 진학하고 싶었던 이유 중에는 아인슈타인이 큰 부분을 차지했다. 나는 어떻게든 그에게 가까이 가고 싶었고, 그의 자취를 따라 걷고 싶었다. 입학하자마자 몇몇 신입생 친구들을 데리고 그가 살던 집을 구경하러 가기도 했다.

그런데 요즘 들어 나는 아인슈타인을 조금 다르게 보기 시작했다. 그는 완벽한 존재가 아니었다. 그에게선 어딘가 쓸쓸함마저 느껴진다. 여러 면에서 장난기 넘치던 사람이었지만, 자신이 근본적으로 인간적인 친밀감이란 면에서 부족하다는 사실을 스스로도 알고 있었다. "나는 그야말로 '외로운 나그네'다. 조국에도, 삶의 터전에도, 친구에게도, 심지어 처자식에게도 완전히 속해본 적이 없다"라고 쓰기도 했다. 아인슈타인은 추상적인 차원에서는 그토록 공감 능력이 뛰어났지만, 정작 가장 가까운 사람들로부터는 기묘할 만큼 떨어져 있었다.

$$\int \quad \int \quad \int$$

1977년 3월 26일, 대학 1학년 봄에 내가 조프레이 선생님에게 편지를 보내면서 서신 왕래가 시작되었다. 무엇이 계기가 되었는지는 잘 모르겠다. 혼자 추적 문제를 파고들던 졸업반 시절에는 선생님과 교류가 없었고, 그 전해에 그의 미적분 수업을 좋아하긴 했지만 그것이 우리 사이를 특별히 가깝게 한 것은 아니었다. 그는 내 멘토도, 마음을 터놓는 조언자도 아니었고, 그런 역할은 디커르시오DiCurcio 선생님의 몫이었다. 무엇보다도, 미적분을 제외하면 자연, 팀 스포츠, 수상 스포츠 등 조프레이 선생님의 관심 분야에 나는 전혀 흥미가 없었다. 그런데도 무엇인가가 나로 하여금 그 첫 편지를 쓰게 만들었다. 대체 무엇이었을까?

지금 다시 그 편지를 읽어보니, 그때는 내가 드러내기보다 감추려는 것이 더 많았다는 사실을 알게 된다. "프린스턴대학은 제가 늘 꿈꿔왔던 곳입니다. (수학 교수님들만 빼고요, 아직까진.)"

내가 인정하기 싫었던 것은, 첫 수학 과목을 대학에서 수강하면서 완전히 기가 죽었고 나 자신을 바라보는 시선까지 바뀌었다는 사실이었다. 그 수업은 수학을 전공하고자 하는 1학년 학생을 대상으로 하는 선형대수 과목으로, 주로 증명 위주로 진행되었다. 엄밀하면서 추상적인 수학, 그러니까 진짜 수학자가 되고자 한다면 반드시 잘해야 하는 그런 과목이었다. 담당 교수님은 위상수학 분야에서 저명한 분이었는데, 매우 내성적인 스타일이어서 첫날 강의실에 들어올 때 마치 아무의 눈에도 띄지 않으려는 사람처럼 벽을 따라 스르륵 들어왔다. 이후로 그는 자기 신발을 내려다보며 붉은 수염을 매만지는 모습만 보여주다가 한 학기가 다 지나갔다. 몇 번인가 용기를 내 질문을 했었는데, 그때마다 그는 놀란 듯 굳어 있다가 단답형으로만 말했다. 교재를 읽고, 과제를 하고, 수업 시간에 집중해서 들었지만 뭐가 뭔지 전혀 이해할 수가 없었다. 한 마디로 끔찍했다. 뭘 어떻게 해도 이해할 수가 없었다. 교재는 무미건조했고, 지나치게 엄밀했으며, 그림 한 장 들어 있지 않았다. 과제는 당황스럽기만 했다. 더구나 시험이라니. 시험 생각만 해도 화장실부터 찾아야 할 정도였다.

당연히 그 모든 사정을 조프레이 선생님에게는 털어놓지 않았다. 편지에 덧붙인 사소한 안부 한마디조차도 내게는 과하게 느껴졌던 모양이다. "말을 빙빙 돌렸다"며 사과한 뒤, 나는 화제를 다시 수학, 특히 추적 문제로 돌렸다. 그 문제는 조프레이 선생님처럼, 더 행복했던 시절의 옛 친구와도 같았다.

그 편지를 관통하는 수학적 주제는, 관점의 틀을 바꾸는 것이 얼마나 강력할 수 있는가였다. 때로는 상대성 이론에서처럼, 골칫거리였던 문제가 올바른 틀에서 보면 훨씬 또렷해지기도 한다.

$\int\ \int\ \int$

다음 편지에서 이야기한 내용은 개 네 마리가 등장하는 추적 문제였다. 한 변의 길이가 a인 정사각형의 꼭짓점에서 각각 출발한 개들은 반시계 방향으로 서로를 쫓는다. 네 마리 모두 동시에 출발해서 같은 속도로 달린다면, 넷 모두가 정사각형의 한가운데에서 만날 때까지 각각의 개 한 마리가 달린 거리는 얼마인가?

어려워 보이는 문제다. 모든 개가 자신 앞의 개를 쫓아가며 나선형으로 안쪽으로 파고들게 된다. 결국 이 나선형 경로의 길이를 구하는 문제다.

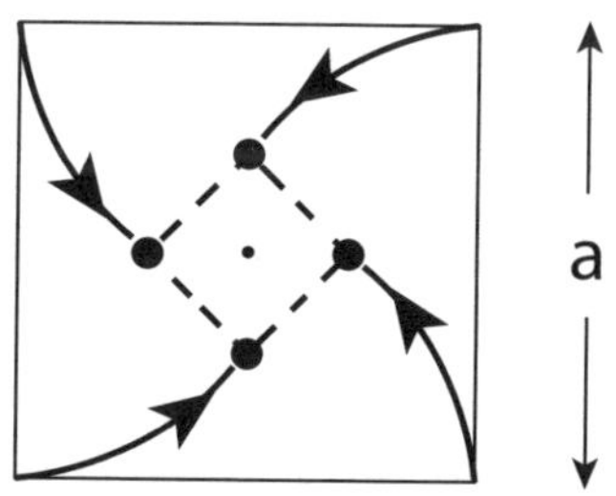

이 문제를 푸는 가장 일반적인 방법은 미적분을 이용하는 것이다. 임의의 순간에 개들이 어디에 있는지를 생각해보자. 문제가 가진 대칭성으로 인해, 개들은 항상 원래의 정사각형보다 작은 어떤 정사각형의 꼭짓점에 각각 위치하게 된다. 이때 그 정사각형의 중심은 원래의 정사각형의 중심과 같다. 이 작은 정사각형은 개들이 서로를 쫓는 동안 점점 작아지면서 회전한다.

그 줄어드는 정사각형의 한 꼭짓점에 있는 개 한 마리를 생각해보자. 중심으로부터의 거리를 r이라고 하자. 이제부터는 극좌표계 polar coordinate를 이용한다.

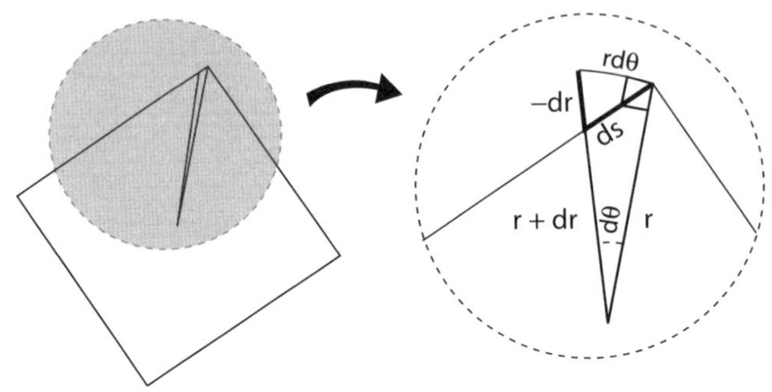

시간이 dt만큼 지나면, 개는 목표물(자신이 쫓고 있는 다른 개)을 향해 ds만큼 이동한다. 이 작은 호의 길이 ds는 두 변의 길이가 각각 $rd\theta$와 $-dr$인 무한히 작은 직각삼각형의 빗변이라고 볼 수 있다(여기서는 $rd\theta$를 호가 아닌 직선으로 간주한다). 여기서 $-dr$이라고 표현한 것은 dr의 값이 음수이기 때문이다. 그림에서 알 수 있듯, 개가 움직이면 중심으로부터의 거리 r은 지속적으로 줄어든다.

이 무한히 작은 삼각형을 잘 보면 밑각이 $\frac{\pi}{4}$인 직각이등변삼각형임을 알 수 있다. 그러므로 다음의 관계가 성립한다.

$$\tan(\pi/4) = \frac{-dr}{rd\theta}$$

그러나 $\tan(\pi/4) = 1$이므로 개의 경로를 나타내는 방정식 $r = r(\theta)$는 다음을 만족한다.

$$-\frac{dr}{rd\theta} = 1$$

이 미분방정식은 r과 θ를 분리한 뒤 양변을 적분하면 쉽게 풀 수 있다. $\int \frac{dr}{r} = -\int d\theta$이고, 이는 $\ln r = -\theta + C$임을 의미하며, 다음과 같이 쓸 수도 있다.

$$r = Ke^{-\theta}$$

이때 $K = e^C$이다. 이 방정식이 그 아름답고도 유명한 '로그 나선 logarithmic spiral'이다. 뉴턴 다음 세대의 가장 위대한 수학자들 가운데 두 사람인 베르누이 형제Bernoulli brothers가 처음 연구했다.

상수 K의 값을 알아내려면 $\theta = 0$일 때 $r = \frac{a}{\sqrt{2}}$임을 이용한다(문제를 아래 그림과 같이 마름모꼴 배치에서 시작한다고 하면).

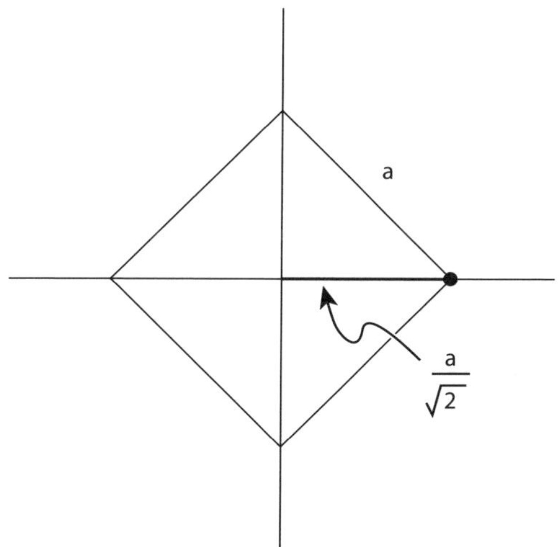

$r(\theta = 0) = \frac{a}{\sqrt{2}}$인데, $r = Ke^{-\theta}$이므로 $K = \frac{a}{\sqrt{2}}$가 된다. 그러므로 다음 방정식과 같이 개들의 궤적이 표현된다.

$$r = \frac{ae^{-\theta}}{\sqrt{2}}$$

이 문제가 마무리하려면 이 개가 정사각형의 중심에서 다른 개들과 충돌할 때까지 얼마나 달렸는지를 계산해야 한다. 개들이 만나는 것은 $r = 0$일 때이고, 이는 $\theta \to \infty$(무한히 많은 나선 회전이 일어난 것을 의미)를 뜻한다. $\theta = 0$에서 $\theta = \infty$ 까지의 호의 길이는 다음과 같이 구한다. 직각이등변삼각형으로부터 $ds = \sqrt{2}\,rd\theta$임을 알 수 있다. 이는 ds를 빗변, $rd\theta$를 밑변으로 보고 피타고라스 정리를 적용한 결과다. 이제 r에 $r = \frac{ae^{-\theta}}{\sqrt{2}}$ 를 대입하면 $ds = ae^{-\theta}d\theta$를 얻을 수 있다. 그러므로 다음과 같은 값이 얻어진다.

$$s = \int ds = a \int_0^\infty e^{-\theta}d\theta = a(-e^{-\theta}\big|_0^\infty) = -a[0-1] = a$$

뭔가 의심스러울 정도로 간결한 답이다. 각각의 개는 정사각형의 한 변의 길이인 a만큼의 거리를 달린 뒤, 정사각형의 한가운데에서 다른 개 세 마리와 만나게 된다.

다음 편지에는 미적분을 이용하지 않고 이 문제의 답을 구하는 방법이 담겨 있다.

조프레이 선생님께,

1977년 3월 26일

이번에는 정말 작은 보석 같은 문제가 하나 있어요! 이 문제 혹시 기억하세요? (물론 추적 문제입니다!) 네 마리의 개들이 서로를 뒤쫓습니다. 각각의 개는 정사각형의 꼭짓점에서 출발하고 앞의 개를 반시계 방향으로 달리며 쫓아갑니다. 네 마리가 중심에서 만날 때까지 각각의 개가 달려야 하는 거리는 얼마일까요?

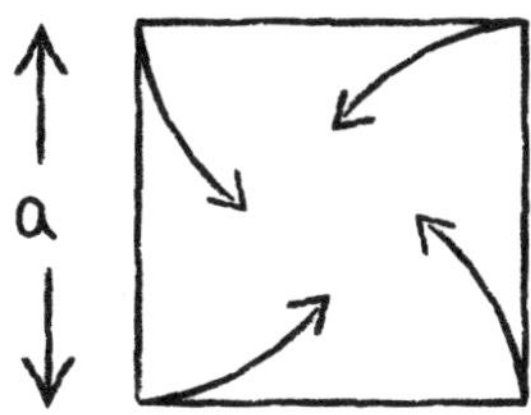

답이 놀랄 만한 값이라는 것을 기억하실지도 모르겠습니다. 이동한 거리는 a입니다! 이 문제를 n마리의 개가 정n각형의 꼭짓점에서 출발하는 문제로 일반화해봤습니다. 이 경우에도 답은 아주 간결한 모양을 갖습니다.

$$d = \frac{a}{2}\csc^2\frac{\pi}{n}$$

여기서 a는 한 변의 길이입니다. 이 모든 이야기가 이제 오래된 추억이 되었네요. 그런데 제가 좀 더 직관적인 풀이의 가능성을 이야기했던 것, 혹시 기억하시나요? (벤 파인조차 찾아내지 못했던 만큼, 그 가능성은 정말 희박해 보였지요!) 자, 이제 눈치채셨겠죠? 제가 바로 그 직관적 해법을 보여드리려고 합니다. 하지만 그에 앞서…

잘 지내고 계신지, 그리고 루미스고등학교도 무사히 한 학년도를 마무리했는지요. 저는 여전히 즐겁게 지내고 있습니다. 프린스턴대학은 그야말로 제가 꿈꿔왔던 곳입니다. (수학 교수님들만 빼고요, 아직까진. 교수님들 셋 중의 둘은 수학자이긴 해도 수학 선생님이라고 하기는 힘들었어요. 2학기에 고급 미적분 과목을 들으면서 거의 물에 빠져 죽을 뻔했죠. 다행히 익숙한 '수학 6' 수준의 과목 덕택에 간신히 살아남았습니다. 1학기 때의 선형대수학도 너무 추상적이었지만, 그래도 필요한 과목이라는 생각에 수업을 들었습니다. 그토록 추상적인 면 때문에 제이미 윌리엄스 선배가 수학에 흥미를 잃었던 게 아닌가 싶었고, 저는 그렇게 되고 싶지 않다고 생각했습니다. 그래서 지금은 다시 모든 것이 괜찮아졌어요.)

테니스를 열심히 치고 있고, 나름 사교활동도 조금씩 하고 있어요.

자, 딴소리는 이 정도면 충분하겠죠.

일단 네 마리 개부터 시작해볼게요. 대칭성 때문에 개들의 위치가 항상 정사각형의 꼭짓점을 이룬다는 거 동의하시죠? 그렇다면 어느 순간이든 개들의 속도는 서로 직각을 이룹니다. 이제 넷 중 임의의 개 두 마리를 잇는 선분에 대해 생각해봅니다.

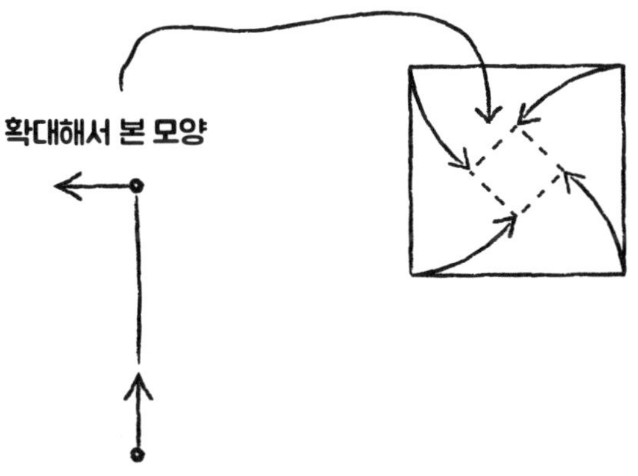

(이제부터가 말로 설명하기 까다로운 부분이에요.)

이때, 두 마리의 개를 연결하는 선에서 볼 때, 추격당하는 개는 속도 성분이 없습니다. 반면에 쫓아가는 개는 모든 속도 성분이 이 선상에 있죠. 그러므로 어떤 순간이건 그 연결선만을 놓고 보면, 쫓기는 개는 절대로 '도망치고 있지' 않습니다(그 속도는 선분에 수직이기 때문이죠). 쫓기는 개는 자기 꼭짓점에 가만히 서 있다고 볼 수도 있습니다. 움직임이 옆으로만 있으니까요. 쫓아가는 개는 목표를 향해 단호하게, 지속적으로 거리를 좁힙니다. 이렇게 보면, 쫓아가는 개의 이동 거리가 a라는 사실이 보이시나요?

만약 잘 보이지 않는다면, 같은 내용을 다른 방식으로 설명할 수도 있습니다. 쫓아가는 개의 머리에 카메라를 장착했다고 해보죠. 이 카메라는 쫓기는 개의 모습이 항상 화면의 중앙에 오도록 방향을 맞춥니다. (사실, 이건 틀린 말이겠죠. 카메라가 방향을 돌릴 필요가 없을 테니까요.)

어쨌거나 이 카메라를 머리에 장착하고 추격을 시작합니다. 추격이 끝난 뒤 카메라에 찍힌 영상을 확인하면, 어떤 장면이 찍혀 있을까요?

추격당하는 개는 영상의 한가운데에 그대로 있고, 도망가는 것처럼 보이지도 않을 겁니다. 그저 점점 가까워질 뿐이죠. 이 영상을 (배경이 없다고 가정하면) 다음의 장면과 구분할 수 있을까요? 쫓기는 개는 자기 꼭짓점에 가만히 서 있고, 쫓는 개가 거리 a만큼 달려와 붙잡는 장면 말입니다. 당연히 구분할 수 없으므로 두 경우 모두 답은 a입니다. (물론 이 모든 카메라 이야기는, 쫓기는 개의 속도에서 법선 성분을 배제하고 보기 위한 개념적인 장치일 뿐입니다.)

연습문제로 정n각형 문제를 남겨둘게요. 방금 전 카메라 접근법을 염두에 두시고요. 답은 $d = \dfrac{a}{2}\csc^2\dfrac{\pi}{n}$ 입니다. (죄송해요, 선생님! 연습문제를 하나 남기고 싶은 마음을 참지 못했어요!)

우정을 담아,
스티브

추신: 위의 접근법은 《사이언티픽 아메리칸》의 칼럼으로 유명한 마틴 가드너Martin Gardner가 내놓은 아이디어입니다.

추추신: 에드 랙Ed Rak에게는 답을 알려주지 말고 문제만 주세요. 어떤 답을 내놓을지 한번 보자고요.

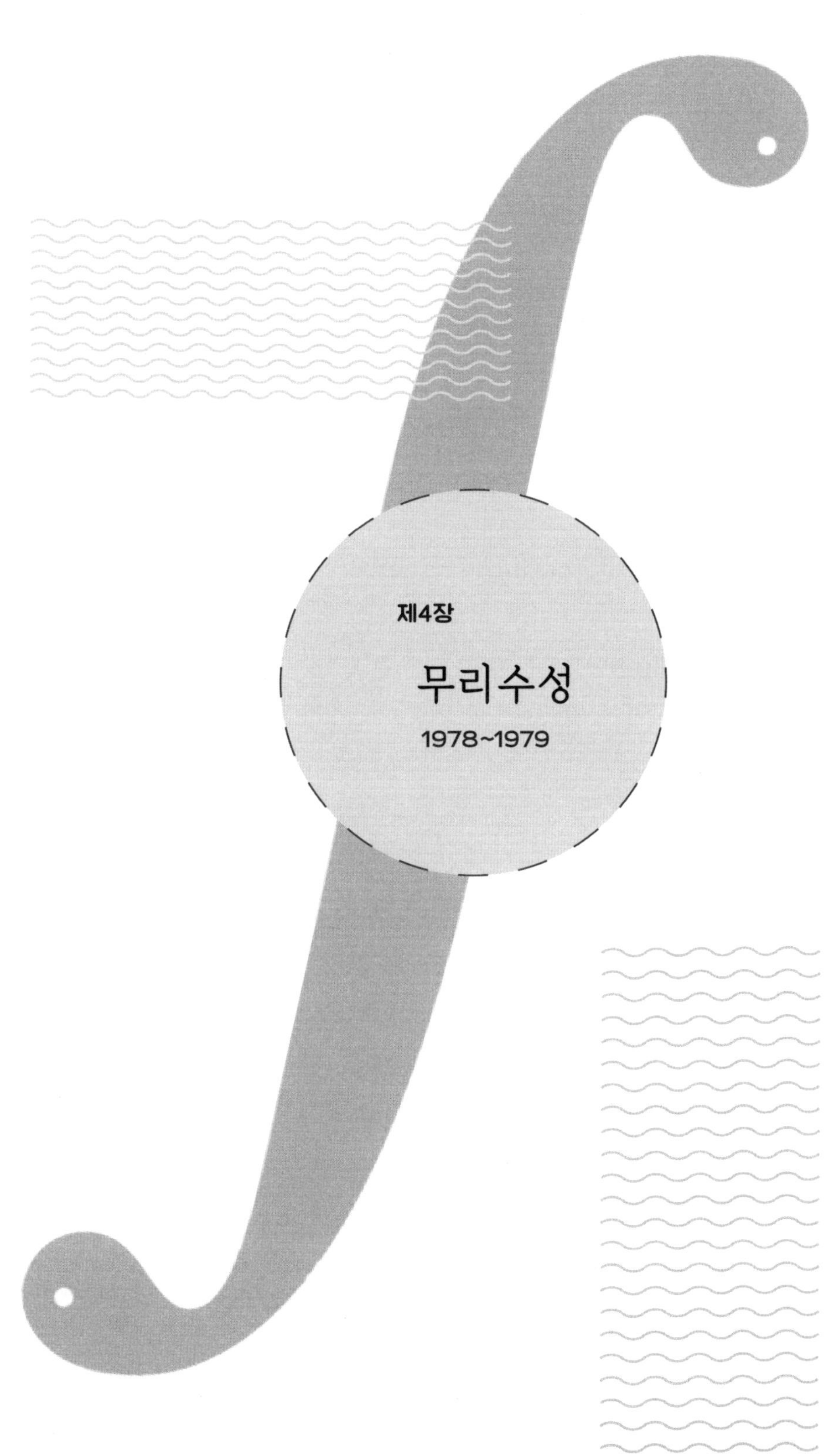
제4장

무리수성

1978~1979

선형대수학 과목에서 거의 정신이 나간 뒤, 전공을 수학에서 물리학으로 바꿔야 하는 게 아닐까란 고민을 했다. 그러다 2학년 때 복소해석학 수업에서 일라이어스 스타인Elias Stein이라는 영감을 주는 교수님을 만나서 다시 수학을 계속 전공하기로 마음을 다잡았다.

그해 언제쯤인가, 형 이언Ian과 이야기를 나눌 기회가 있었다. 기억이 분명하진 않지만, 아마도 추수감사절 때 함께 집으로 가는 차 안에서였던 것 같다. 형은 내게 앞으로 무엇을 전공할지 등과 같은 장래 계획에 대해 묻더니, 이내 의학대학원 준비과정을 들어놓는 게 어떠냐고 설득하기 시작했다. 또 이런 상황이라니. 주변의 모든 사람들은 내게 의사가 되어야 한다고 늘 이야기했다. "넌 수학이랑 과학을 좋아하잖아"라는 것이 이유였다. "의학 분야에서도 수학과 과학을 활용할 수 있는 일들이 정말 많아. 심지어 방사선과처럼 아주 수학적인 분야도 있다니까."(어머니는 "더구나 넌 손재주도 아주 좋잖니"라고 덧붙이곤 했다.)

하지만 형은 다른 방법을 구사했다. 뛰어난 변호사인 형은 사람을 판단하는 능력이 탁월했다. 게다가 자신이 진심으로 나를 위해 조언하고 있다고 믿었다. 형은 내가 생물학, 화학, 유기화학 수업을 들어야 하며, 어쩌면 내가 그 과목들을 좋아하게 될지도 모른다고 주장했다. 그런다고 꼭 의사가 되는 것은 아니다, 하지만 어쨌거나 나중에 그 과목들을 한꺼번에 공부하는 것보다 지금 미리 들어두는 것이 훨씬 수월하다는 논리였다. 또한 설령 최종적으로 의학을 전공하게 되지 않더라도 과학 분야에 대해 폭넓은 지식을 갖게 되면 분명 도움이 될 것이라고도 말했다.

결국 엄청난 고민 끝에, 나는 주위의 압력에 굴복해서 의학대학원 준비과정을 시작하기로 했다.

당연히 무리한irrational 일이었다. 의사가 되고 싶은 생각은 전혀 없었다. 그전부터 항상 수학 교수가 되고 싶다는 생각뿐이었으니까.

1979년 2월, 조프레이 선생님에게 편지를 썼을 때, 내 머릿속이 이런 일들로 가득 차 있었을 것이다. 하지만 선생님에게는 이 일에 대해 언급하지 않았다. 어쨌거나 선생님은 내 막역한 친구도, 인생의 코치도 아니었으니까. 그는 그저 나와 함께 수학적 모험을 즐기는 사람이었고, 나는 아마도 그것이 우리 사이의 규칙이라고 생각했던 것 같다. 선생님과는 수학 문제를 함께 푸는 것일 뿐이었다.

$$\int \quad \int \quad \int$$

그 편지의 내용은 $\sqrt{2}$의 무리수성irrationality에 관한 것이었다. 수학자들은 이 수가 기하학의 토대이기 때문에 매우 중요하게 여긴다. 정사각형의 대각선이 한 변의 길이보다 얼마나 긴지를 알려주는 수가 바로 $\sqrt{2}$다. 예를 들어 한 변의 길이가 1피트인 정사각형의 대각선 길이는 $\sqrt{2}$피트다.

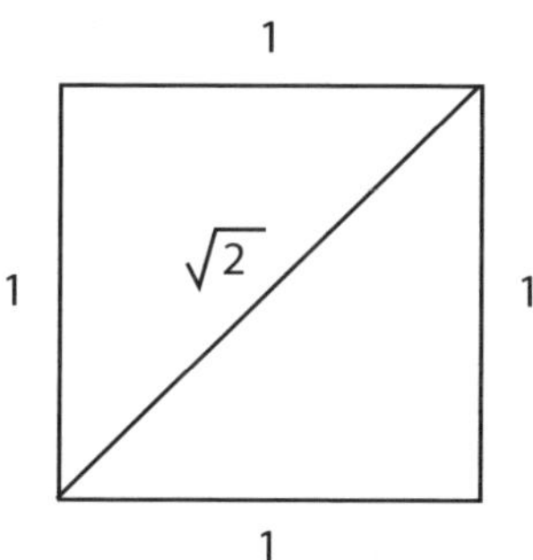

이 사실은 직각변의 길이가 a와 b이고 빗변의 길이가 c인 직각삼각형에서 $a^2 + b^2 = c^2$의 관계가 성립한다는 피타고라스의 정리로부터 금방 알 수 있다. 앞의 그림에서는 정사각형의 대각선을, $a = 1$, $b = 1$인 직각삼각형의 빗변으로 생각하면 된다. 그러면 $c^2 = 1^2 + 1^2 = 2$이므로 $c = \sqrt{2}$라는 빗변의 길이가 얻어진다.

고대 그리스와 바빌론, 그리고 아마도 인도와 중국에서도 정사각형의 대각선이 한 변보다 대략 40퍼센트 정도 더 길다는 사실을 알고 있었다. 이 기본적이면서도 신비로운 수 $\sqrt{2}$란 대체 어떤 수일까?

피타고라스 학파는 처음엔 $\sqrt{2}$가 두 정수의 비로 표현될 수 있을 것이라고 생각했기 때문에 이런 정수를 찾으려고 무던히 노력했다.

그들에게 있어서 이 문제는 결코 사소한 호기심이 아니었다. 그것은 "만물은 수"라는 신비한 사상에 기초한 그들의 세계관의 일부로서, 종교이자 연구 프로그램이었다. 우주의 법칙은 수학으로, 보다 구체적으로는 작은 정수들의 비로 표현될 수 있다고 믿었던 것이다. 음악의 화음이 수에 기반한다는 것을 발견한 것도 피타고라스였다. 같은 장력으로 매인 두 리라 현 가운데, 하나가 다른 하나보다 두 배 길다면, 긴 현은 짧은 현보다 정확히 한 옥타브 낮은 음을 낸다. 실제로 길이의 비가 2:3, 4:3, 5:2처럼 작은 정수들의 비로 이루어진 경우 언제나 아름다운 화음이 난다.

그러므로 $\sqrt{2}$ 역시 두 정수의 비로 멋지게 표현될 수 있을 거라는 생각이 드는 것은 자연스러운 일이었다. $\sqrt{2}$는 거의 $\frac{7}{5}$이지만, 정확히는 아니다. 왜냐하면 $5^2 + 5^2 = 25 + 25 = 50$인 반면, $7^2 = 49$이기 때문이다. 아주 가깝지만, 딱 맞지는 않는다. 그렇다면 더 큰 정수 두 개의 비로 표현될 수 있는 것은 아닐까?

그것이 바로 문제다. $\sqrt{2} = \frac{m}{n}$, 다시 말해 $n^2 + n^2 = m^2$을 만족하는 정수 m과 n을 찾을 수 있을까?

놀랍게도 답은 '아니오'다. 2의 제곱근은 비이성적irrational인 수, 그러니까 무리수irrational number여서 두 정수의 비로 나타낼 수가 없다. 여기에 담긴 철학적 의미는 심오하고 당황스러운 것이었다. 정사각형의 대각선 같은 단순한 개념을 나타나는 것조차 정수를 이용해서 표현할 수 없다면, 피타고라스 철학의 나머지 부분에 대체 어떤 희망이 있을 수 있었겠는가?

전해지는 이야기에 따르면 피타고라스의 제자 중 한 명이 $\sqrt{2}$가

무리수라는 것을 발견했고, 이에 분개한 골수 제자들이 그를 바다 한가운데에서 던져버렸다고도 한다.

$$\int \quad \int \quad \int$$

$\sqrt{2}$가 무리수임을 증명하는 대표적인 방법이 있다. 사람들은 종종 어떤 수학적 논증을 두고 '우아하다'고 말하곤 하는데, 내가 보기엔 이 표준적인 증명은 그다지 우아하지 않다. 그에 비해, 내가 편지에 제시한 조금 특이한 방법의 증명이 우아한 편이니 직접 살펴보기 바란다.

일반적으로는 다음과 같은 식으로 증명이 이루어진다. $\sqrt{2} = \frac{m}{n}$ 이라고 가정하자. 이때 m과 n은 공약수를 갖지 않은 정수이다. 다시 말해, 우선 m과 n에 공통으로 들어 있는 인수를 모두 나누어 '기약분수' 형태로 만든 것이다. 그래야 깔끔하니까. 이렇게 하면 m과 n이 가능한 한 작아지고, 같은 값을 $\frac{1}{2} = \frac{2}{4} = \frac{3}{6}$과 같이 여러 분수로 표현해서 일어나는 헷갈림도 방지할 수 있다. 기약분수로 제한함으로써, 분수는 유일한 형태로 표현된다.

이제 모순을 이끌어낼 것이다. 그러면 어떤 m과 n도 $\sqrt{2} = \frac{m}{n}$이 되는 것이 '불가능하다'는 결론이 따라온다.

자, 가보자. 만약

$$\sqrt{2} = \frac{m}{n} \text{ 라면,}$$

$$m = \sqrt{2}\, n$$

$\Rightarrow m^2 = 2n^2$ (양변을 제곱하면)

$\Rightarrow m^2$은 짝수   (정수인 n을 제곱한 값의 두 배이므로)

$\Rightarrow m$은 짝수이다.   (짝수의 제곱은 항상 짝수이고, 홀수의 제곱은 항상 홀수이므로. 왜 그런지는 생각해보길!)

m이 짝수여야만 하므로 m은 어떤 정수 p의 두 배, 곧 $m = 2p$라고 표시할 수 있다.

이제 모순이 드러난다. $m = 2p$이고 앞의 논리에서 $m^2 = 2n^2$이므로 $(2p)^2 = 2n^2$이다. 이를 정리하면 $4p^2 = 2n^2$이고, 이제 양변을 2로 나누면 $2p^2 = n^2$이 된다. 여기가 이상하다. $2p^2 = n^2$이라면 n^2 역시 어떤 수의 두 배라는 뜻이므로, n^2은 짝수이고 따라서 n도 짝수다.

결국 m과 n 모두 짝수라는 결론에 도달한다. 이는 처음에 m과 n이 공약수를 갖지 않는다고 가정한 것에 위배된다(둘 다 짝수라면, 최소한 2라는 공약수를 공유하기 때문이다). 따라서 원래의 가정이 잘못되었고 $\sqrt{2}$는 무리수임이 증명된다.

이 표준적인 증명에서 사용된 논리에는 아무런 문제가 없지만 뭔가 개운치 않다. 논리 전개가 이리저리 오가는 것은 둘째치고, 논증이 주제에 딱 들어맞아 보이지도 않는다. $\sqrt{2}$의 무리수성을 정수론의 관점에서 볼 뿐, 기하학의 관점에서 보지는 않기 때문이다. 애초에 출발한 정사각형, 대각선, 삼각형 같은 도형들은 다 어디로 사라진 걸까?

이와는 대조적으로, 내가 조프레이 선생님에게 보낸 편지에 담은 증명은 전적으로 기하학적이다. 그것은 프린스턴대학의 베네딕트 그로스Benedict Gross 교수님에게서 배운 방법이었다.

~~~~~~

조프레이 선생님께,

1979년 2월 20일

매년 보내드리는 수학 문제가 또 왔습니다! 선생님과 가족 모두 올 한 해도 건강하고 즐거운 한 해가 되시길. 저는 별일 없이 잘 지내고 있습니다. 제 진로는 수학 교수에서 점점 의학 쪽으로 기울고 있어요. 의학대학원 준비과정은 흥미롭기도 하고 경쟁도 심합니다. 하지만 저는 여전히 수학이 제일 좋고(지금 전공도 수학이에요), 기하학에서 아주 기본적인 사실을 증명하는 이 문제를 꼭 알려드리고 싶더라고요. 바로 $\sqrt{2}$가 무리수임을 보여주는 증명입니다.

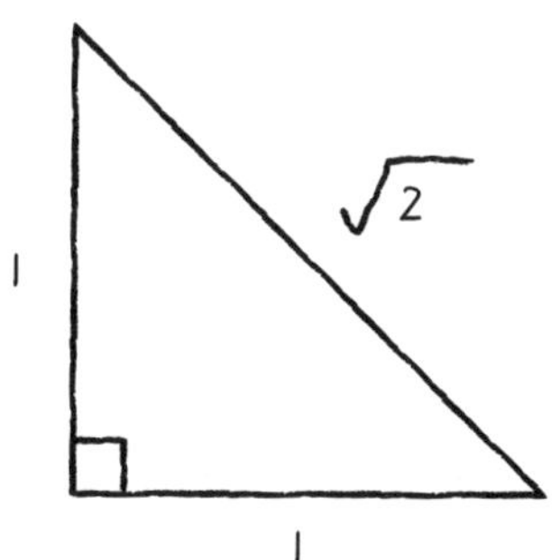
~~~~~~

$\sqrt{2} = \frac{m}{n}$이고, 이때 m과 n은 정수라고 해보죠. n에 대해서는 다음과 같이 생각하면 됩니다. 한 변의 길이는 어떤 단위 길이를 n번 더한 길이라고 말이에요.

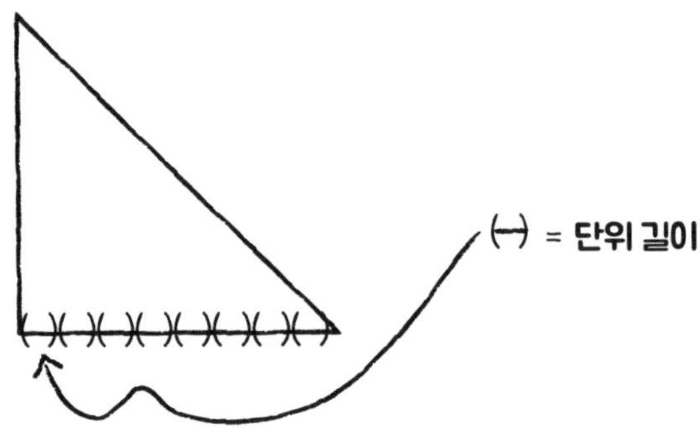

조금 장황한지도 모르겠네요. 어쨌든 각 변의 길이는 단위 길이의 n배이고, 빗변의 길이는 m배라는 뜻입니다. 아시겠죠? 이제 다음과 같이 합니다. $\overline{DB}$와 $\overline{AB}$의 길이와 같아지는 D의 위치를 찾습니다. D에서 $\overline{DB}$와 수직이 되는 선이 $\overline{AC}$와 만나는 점을 E라고 하고, $\overline{EB}$를 긋습니다.

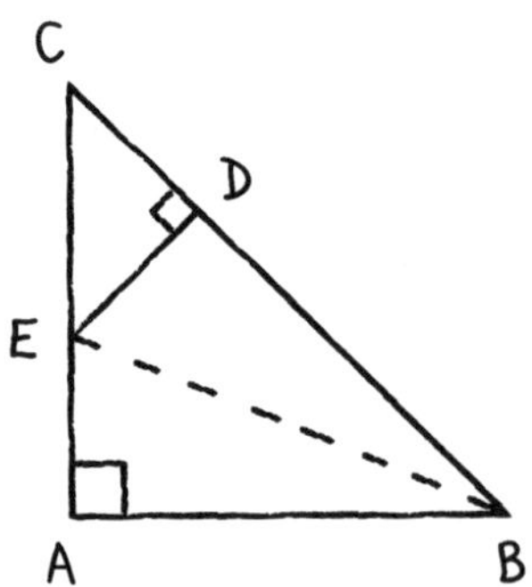

주장: $\triangle ABE \cong \triangle DBE$. 왜냐하면 두 삼각형이 $\overline{EB}$를 공유하고, 둘 다 직각삼각형이며, 작도에 의해 $\overline{DB} \cong \overline{AB}$이기 때문입니다.

그러므로 $\overline{EA} \cong \overline{ED}$이며, 그러면 $\triangle CDE$는 $\angle ECD = 45°$인 직각삼각형이므로 직각이등변삼각형이죠. 결국 다음 그림에 표시한 것과 같이 $\overline{CD} \cong \overline{ED} \cong \overline{EA}$입니다.

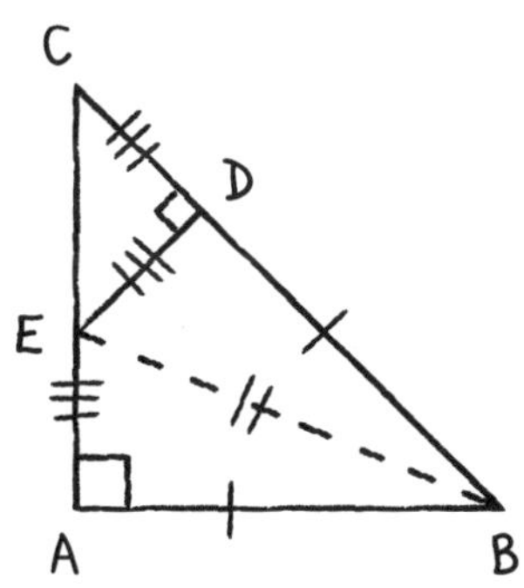

지금까지는 아직 아무 결론도 나오지 않았습니다.

이제 증명을 시작할게요. (이미 알고 계신 내용이 아니라면 좋겠네요!)

앞에서 $\overline{AB}$와 $\overline{BC}$의 길이가 어떤 단위 길이의 정수배로 표현될 수 있다고 가정했습니다. 그 단위 길이를 ℓ이라고 부르겠습니다. 이제 작은 직각이등변삼각형 CDE를 볼게요.

우선 $\overline{CD}$를 보죠. 이 선분의 길이는 $\overline{CB}$의 길이에서 $\overline{DB}$의 길이를 뺀 값과 같습니다. 그런데 $\overline{DB} \cong \overline{AB}$이므로 $\overline{CD}$의 길이 = (원래의 빗변의 길이) - (원래의 한 변의 길이)인데, 이 둘은 모두 단위 길이 ℓ의 정수배였습니다. 그러므로 이 둘의 차 또한 ℓ의 정수배이고(정수의 닫힘성!!), 따라서 우리는 변 $\overline{CD}$가 단위 l의 정수배인 더 작은 직각이등변삼각형을 얻게 됩니다. 아, 아직 끝이 아닙니다. 작은 삼각형의 빗변 $\overline{CE}$에 대해서도 역시 l의 정수배임을 보여야 합니다. $\overline{CE}$의 길이는 $(\overline{AC}) - (\overline{AE}) = (\overline{AC}) - (\overline{CD})$인데, 양변의 값 모두 l의 정수배입니다($\overline{AC}$ = 원래의 삼각형의 한 변이고, $\overline{CD}$는 방금 정수배임을 보였음).

그러므로 작은 직각이등변삼각형의 직각변과 빗변이 모두 단위 길이의 정수배라야 합니다. (길이가 줄어드는 비율이 >2여야 함은 자명합니다. $\overline{CE}$의 두 배 길이 < $\overline{BC}$의 길이이기 때문이죠.)

그러니까 (이제 어떤 내용이 이어질지 아시겠나요?) 점점 크기가 작아지는 직각이등변삼각형을 무한히 만들 수 있다는 뜻입니다. 크기는 점점 한없이 작아지는데 직각변과 빗변의 길이는 (최초의 가정에서 이야기했듯이) 여전히 단위 길이의 정수배인 삼각형을 말이죠.

하지만 이건 말도 안 됩니다! 빗변의 길이가 <l인 삼각형이라니, 대체 이게 무슨 의미입니까? l의 정수배는 (0을 제외하면) l보다 작을 수 없으니, 모순입니다.

결국 이런 조건을 만족하는 l은 존재할 수 없으므로 빗변과 직각변은 약분(역시 옛날 용어가 멋지죠!)할 수 없습니다. 이 증명은 페르마의 마지막 정리(음, 저는 아직 못 풀었습니다만)에 대한 세미나를 해주셨던 교수님이 알려주신 거예요.

저는 이 증명이 일반적으로 쓰이는 증명 방법보다 더 마음에 들어요. 문제의 본래 성격에 더 어울리는 기하학적인 측면을 더 잘 반영하기 때문이죠. 기회가 된다면 선생님의 의견도 들려주세요. 근황도 궁금하네요.

그럼 이만,
스티브

추신: 연습문제를 하나 드릴게요. 이 증명에 사용된 방법을 써서 황금비가 무리수임을 증명해보세요(즉, 황금비 사각형의 두 변은 약분할 수 없다는 것). 또 봐요!

이 편지를 보내고 얼마 지나지 않아 커다란 전환점이 찾아왔다.

나는 형의 조언에 이끌려 의학대학원으로 진로를 바꾸면서, 추상대수학, 미분기하학에 더해 기초생물학, 기초화학, 유기화학까지 동시에 수강해야 했다. 일주일에 실험실만 세 곳을 돌아다녀야 했다. 이건 누구라도 힘들 수밖에 없는 일정이었고, 특히 현실적인 일에 서툰 나 같은 사람에게는 말할 나위도 없었다. 유기화학 실험실에 제일 늦게까지 남아 있는 사람은 항상 나였고, 조교는 그걸 못마땅해했다. "뭐가 그렇게 오래 걸리나요?"라며 질책하기 일쑤였다. 그녀는 "그냥 물 끓이거나 요리하는 거랑 마찬가지잖아요"라고도 했다. 하지만 나는 그런 일조차 해본 적이 없었다.

또 하나의 부담은, 의학대학원 입학에 필요한 시험인 MCAT 준비였다. 따라잡아야 할 내용이 너무 많아서 캐플런 학원에 등록을 했다. 가장 가까운 곳이 뉴브런즈윅에 있었는데(차로 한 시간 거리), 강좌는 일요일 아침에 열렸다. 대학생이라면 깨어 있기조차 싫어하는 시간대였고, 더구나 MCAT를 준비하기 위해 그러고 싶을 리는 없는 시간대였다.

그럼에도 여전히 나는 의학대학원 준비과정이라는 컨베이어 벨트에서 내려오지 못하고 있었다.

봄방학 때 집에 돌아갔는데, 내 얼굴을 보더니 어머니가 말했다. "뭔가 안 좋아 보이는구나. 엄청 신경 쓰이는 일이 있나 본데. 학교는 어떠니?"

"좋아요." 내가 말했다. "괜찮아요. 공부도 잘 하고 있고요."

"아냐, 즐거워 보이지 않아. 무슨 일이니?"

나는 정말 몰랐다. "피곤해서 그런 걸 거예요." 내가 말했다. "할 일이 정말 많거든요."

"아니, 뭔가 다른 이유가 있어. 내년엔 뭘 수강할 거니? 이제 4학년이 될 텐데."

그것이 바로 나를 괴롭히는 문제였다. "의학대학원 준비과정을 늦게 시작하는 바람에 여러 과목들을 몰아서 들어야 해요. 생화학도 들어야 하고, 척추동물 생리학도 들어야 하고, 그것들 말고도 이것저것 들을 게 많아요. 그리고 졸업논문도 써야 하고, 수학과에서도 두 과목을 더 들어야 하죠. 그러면 시간표가 너무 빡빡해져서 양자역학을 들을 수가 없어요."

"그게 너한테 왜 그렇게 중요한데?" 어머니가 물었다.

"그야 제가 평생 배우고 싶어하던 거니까 그렇죠!" 내가 불쑥 말했다. "초등학교 1학년 때 선생님이 우리를 도서관으로 데려가서 책을 고르게 했을 때도 저는 항상《원자력 에너지의 놀라운 세계The How and Why Wonder Book of Atomic Energy》를 골랐어요. 그때부터 지금까지 계속 그래왔죠. 보어와 하이젠베르크, 슈뢰딩거, 아인슈타인, 제겐 이 사람들이 영웅이라고요. 저는 이 순간에 오기까지 평생을 준비해왔고, 이제야 하이젠베르크의 불확정성 원리가 정말로 무엇을 말하는지, 말뿐 아니라 수식으로 배우려는 참인데, 시간표에 넣을 수가 없어서 그 과목을 들을 기회조차 얻지 못하게 됐어요. 그러고 나면 의학대학원에 가서 시체 해부를 하게 될 테고, 그땐 너무 늦어버리겠죠."

어머니는 나를 바라보더니 내 눈을 똑바로 마주쳤다.

"차라리 그냥 이렇게 말하는 게 어떻겠니? '난 수학과 물리학이 너무 좋아요. 양자역학을 듣고 싶어요. 의사가 되기 싫다고요. 최고의 수학 교수가 될 수만 있다면 뭐든 할 거예요'라고 말이야."

눈물이 나기 시작했다. 엄청난 짐에서 벗어난 것 같은 느낌이었다. 어머니와 나는 웃다가 울고, 울다가 웃었다. 나는 결국 MCAT를 치르지 않았고, 그쪽으로는 눈길도 주지 않았다. 평생 자신이 열정적으로 좋아하는 일을 찾지 못하는 사람들도 있다. 하지만 나는 내 열정을 애써 외면해봄으로써 내가 진짜 좋아하는 것이 무엇인지를 깨닫게 되었다.

제5장
이동
1980~1989

수학을 추구하기로 마음을 굳히자, 이후 아홉 해 동안은 오로지 한 방향으로 매진할 수 있었다. 한마디로 훈련의 시간들이었다. 이 기간 동안 조프레이 선생님과의 편지 왕래는 뜸했다. 그 시기의 기록은 펜다플렉스 브랜드의 초록색 파일철 안에 단 세 통의 편지로만 남아 있다. 하지만 편지상에 이미 몇 가지 이행shift의 조짐이 나타나고 있었다. 1980년 12월 16일 자 편지에서 나는 처음으로 선생님께 감사하다는 말을 했다.

~~~~~~~~~~~~

다시 만날 때까지 건강하시고, 학교에서도 계속 멋진 일들을 해나가시길 바랍니다. 그런데 선생님께서 제게 해주신 격려에 대해 감사 인사를 드린 적이 있었던가요? 지금에서야 말씀드리지만, 정말 큰 힘이 되었습니다.

~~~~~~~~~~~~

편지에는 나의 장래 진로도 명확하게 표현되어 있었다.

~~~~~~~~~~

저는 여전히 박사학위를 받을 계획입니다(이론물리학이 될지, 응용수학이 될지는 아직 모르겠지만요). 그리고 언젠가는 결혼도 하고(아직은 결혼할 사람이 전혀 없지만), 교수가 되어 평생 공부하면서 그럭저럭 행복하게 살고 싶어요.

~~~~~~~~~~

이처럼 단순명료한 인생관에 대해 조프레이 선생님은 당시 뭐라고 말했을까? 혹시 내 말을 고쳐주며, 인생은 그렇게 직선적이지 않고 급류 카약 코스에 흐르는 격류처럼 예측 불가능하다고 말하지 않았을까? 이제는 알 길이 없다. 이 편지의 답장을 비롯해 1989년까지의 편지가 모두 사라져버렸기 때문이다. 완곡하게 이야기하자면 그렇고, 실은 내가 그 편지들을 모두 내다버렸다.

1981년에 나는 선생님에게 다시 편지를 보냈다. 이번 편지는 전혀 다른 종류의 이동shift에 관한 것으로, 피보나치 수를 닫힌 형식으로 풀 수 있게 해주는 이동 연산에 대한 이야기였다. 그 길은 제이미 윌리엄스 선배의 전설적인 성취와 이성적으로 이어져 있기도 했다.

~~~~~~~~~~
~~~~~~~~~~

조 프레이 선생님께,

1981/9/21

웨스트 하트포드에 있는 잉글리시 숍에서 우연히 고등학교 친구를 만났습니다. 잠시 이야기를 나누다 보니 선생님과 다른 친구들이 얼마나 그리운지 새삼 느꼈어요. 요즘 어떻게 지내는지부터 짧게 말씀드리고 나서 수학 문제 하나를 이야기하려고 해요. 예전에 제이미 윌리엄스 선배가 피보나치 수열의 n번째 항을 닫힌 형식으로 풀어내는 것을 보고 놀라워했다고 하셨죠. 이 편지에서는 모든 종류의 수열에 대해서 닫힌 형식으로 표현하는 방법을 보여드리려고 합니다.

사실 제이미 선배가 어떻게 그런 답을 얻어낸 건지 궁금해요. 아마 답을 '보듯이' 직관적으로 알아차린 뒤, 귀납법을 적용한 게 아닐까 싶어요. 놀라울 뿐입니다!

음, 제 근황부터 알려드리자면, 프린스턴대학을 1980년에 졸업하고 수학 전공으로 학사학위를 받았습니다. 졸업논문은 생화학의 한 문제를 다뤘는데, 위상수학과 미분기하학이 필요한 꽤 까다로운 내용이었죠. 생화학자들을 괴롭히던 문제였는데 제가 풀어냈고(아마도!), 어쨌든 그 결과로 《국립 과학 아카데미 회보 Proceedings of the National Academy of Sciences》에 논문을 한 편 싣게 되었습니다.

그리고 마셜 장학금을 받아서 케임브리지대학교의 트리니티 칼리지(뉴턴이 다녔던 학교예요)에서 2년간 응용수학을 공부하고 있습니다. 이제 곧 두 번째 해가 시작되어 수요일에는 케임브리지로 돌아가요. 저는 문화적으로도, 학문적으로도 정말 끝내주는 경험을 하고 있죠. 케임브리지대 농구팀에서 뛰기도 했어요(고교 시절 저학년 대표 이후로는 처음입니다)! 케임브리지 유학을 마친 뒤에는 하버드나 버클리에서 응용수학 박사 과정을 밟고 싶습니다. 운이 따른다면 어느 대학에선가 교수 자리를 얻을 수 있겠지요.

선생님과 가족 모두 잘 지내길 바랍니다. 고등학교 소식지에 실린 선생님 관련 기사는 재미있게 읽었어요. 비록 다섯 달쯤 늦게 도착하긴 했지만 말이죠(영국으로 오는 우편은 정말 느리네요!).

이제 수학 이야기를 해볼까요?

지금부터의 내용은, 두 해 전 햄프셔 칼리지에서 있었던 수학 여름 프로그램에서 영재 고등학생들을 가르치면서 알게 된 방법입니다.

점화recursion 기법으로 수열을 파악하는 방법(즉, 초기의 n항을 알면 어떤 규칙에 따라 $n+1$번째 항을 알 수 있음)을 사용하려면, 이동 연산자shift operator 개념이 필요합니다. 피보나치 수열을 이 방법으로 표현하면 아래 보여드리는 것처럼 단순해집니다.

이 연산자의 좋은 점은 첨자가 하나만 붙는다는 거예요(즉, a_n과 몇 개의 연산자가 필요하지만 a_{n+2}, a_{n+26} 등처럼 쓸 필요는 없음).

1. 왼쪽 이동 연산자:

$x_1, x_2, x_3, \ldots = \langle x_n \rangle$인 수열을 생각해보죠. 왼쪽 이동 연산자 L은 다음 규칙으로 정의됩니다.

$$L(x_n) = x_{n+1}$$

여기서 x_n은 수열 $\langle x_n \rangle$의 한 항을 뜻합니다. 따라서 만약 전체 수열

$$x_1, \ x_2, \ x_3, \ x_4, \ \cdots$$

에 대해서 L 연산을 적용하면 다음과 같은 수열이 됩니다.

$$\langle L(x_n) \rangle = Lx_1, \ Lx_2, \ Lx_3, \ \cdots = x_2, \ x_3, \ x_4, \ x_5, \ \cdots$$

이는 원래의 수열을 한 칸씩 뒤로 민 것(그러니까 수열 표기에서는 왼쪽으로 한 칸씩 잡아당긴 것)과 같습니다. 그래서 이름하여 '이동 연산자'라고 부릅니다.

2. 이제 $a_1 = a_2 = 1$이고 $a_{n+2} = a_{n+1} + a_n$인 피보나치 수열을 이동 연산자 L을 이용해서 표현해보죠.

$$a_{n+1} = L(a_n); \qquad a_{n+2} = L(a_{n+1}) = L(L(a_n)) = L^2(a_n)$$

그러므로 $a_{n+2} - a_{n+1} - a_n = 0$은 $L^2(a_n) - L(a_n) - 1 \cdot a_n = 0$이 되고, 보기 편하게 a_n으로 묶으면 아래와 같습니다.

$$(L^2 - L - 1)a_n = 0$$

이제 $L^2 - L - 1$을 하나의 블랙박스나 단순한 기계라고 생각해 보죠. 이 장치는 어떤 수 a_n을 넣으면 뭔가 조작을 해서 새로운 수를 만들어냅니다. 그런데 만약 a_n이 피보나치 수라면, 그렇죠! 그 값은 소멸되어 0이 나옵니다.

이것은 미분방정식에서 미분 연산자 D가 함수 y를 그 도함수 y'로 만드는 것($Dy = y'$)과의 유사성을 떠올리게 합니다. 개인적으로는 D를 연산자가 아니라 마치 하나의 변수처럼 두고 대수식처럼 다루는 것이 늘 재미있고 놀라웠어요. 예를 들어 아래의 경우가 그랬습니다.

$$(D^2 + 1)y = 0 \text{은}$$
$$(D + i)(D - i)y = 0 \text{ 과 같다.}$$

더 놀라운 건 마치 대수 연산을 하듯 $(D + i)y = 0$과 $(D - i)y = 0$을 각각 풀어도 된다는 겁니다! 그러면 일반해는 각각의 해인 Ae^{-ix}와 Be^{ix}의 선형 조합이 됩니다. 무엇보다도, 이렇게 해서 얻은 해가 실제로도 정확히 맞아떨어진다는 점이 가장 멋지죠!

3. 요점 (이론에 관심이 있는 사람을 위하여)

D는 선형 연산자여서 $D(y_1 + y_2) = Dy_1 + Dy_2$이고 $D(ay) = aDy$라는 성질을 갖기 때문에, 앞에서 설명한 방법은 어느 경우에나

항상 적용 가능합니다.

정말로 반가운 사실은, (함수를 다른 함수로 바꾸는 것이 아니라 수열을 다른 수열로 바꿔주는) 이동 연산자 L 역시 선형이라는 것입니다.

그러므로 $(L^2 - L - 1)a_n = 0$을 풀려면 이 식을 인수분해한 뒤, 선형 해석학의 기법(굳이 번거롭게 여기서 다루진 않겠습니다)을 이용해서 각각의 식을 풀어도 됩니다.

대수 방정식 $m^2 - m - 1 = 0$의 해가 ϕ(피)와 θ(세타)라고 해보죠. 그러면 $m = (1 \pm \sqrt{5})/2$이므로

$$\phi = \frac{1 + \sqrt{5}}{2}, \qquad \theta = \frac{1 - \sqrt{5}}{2}$$

입니다. (신기하게도 황금비 ϕ가 벌써 모습을 드러내는군요!)

이제 $(L^2 - L - 1)a_n = 0$을 풀려면, $(L - \phi)a_n = 0$과 $(L - \theta)a_n = 0$을 각각 풀고, 두 해를 선형 조합해서 일반해를 얻을 수 있습니다.

4. 거의 다 왔습니다!

$$(L - \phi)b_n = 0 \;\Leftrightarrow\; L(b_n) = b_{n+1} = \phi b_n$$

그런데 $b_{n+1} = \phi b_n$은 등비수열의 점화식이므로 일반해는

$$b_n = A\phi^n \quad (A\text{는 상수})$$

입니다. 마찬가지로 $(L-\theta)c_n = 0$이면 $c_n = B\theta^n$입니다. 그러므로 $(L^2 - L - 1)a_n = 0$의 일반해는 다음과 같은 형태가 됩니다.

$$A\phi^n + B\theta^n = a_n$$

5. 우리가 찾던 공식

제이미 윌리엄스 선배가 내놓았던 답을 얻기 위해서는 "초기 조건" $a_1 = a_2 = 1$을 사용해야 합니다. ($a_0 = 0$인 경우에는 계산이 더 간단해집니다.)

$$a_0 = 0 = A\phi^0 + B\theta^0 \Rightarrow \boxed{A = -B}$$

$$a_1 = 1 = A\phi^1 + B\theta^1 = (A)(\phi - \theta) = A\left(\frac{1+\sqrt{5}}{2} - \frac{1-\sqrt{5}}{2}\right)$$

$$= A(\sqrt{5}) \Rightarrow \boxed{A = \frac{1}{\sqrt{5}}}$$

그러므로 피보나치 수열의 일반항은 아래와 같습니다.

$$\boxed{a_n = \frac{1}{\sqrt{5}}(\phi^n - \theta^n) = \frac{1}{\sqrt{5}}\left[\left(\frac{1+\sqrt{5}}{2}\right)^n - \left(\frac{1-\sqrt{5}}{2}\right)^n\right]}$$

이렇게도 구할 수 있다는 이야기입니다.

보시다시피 점화적으로 정의된 수열은 선형이기만 하다면, 이 방법을 사용해 표현할 수 있습니다. 그러니까, $a^2_{n+2} = a^2_{n+1} + a^2_n$ 같은 수열은 비선형이므로 적용할 수 없지만, $a_{n+2} - 3a_{n+1} + 2a_n = 0$

같은 경우는 선형이어서 가능하다는 뜻입니다. 결국 $a_{n+2} - 2a_{n+1} + a_n = 0$은 미분방정식 이론에서 $(D-1)^2 y = 0$을 푸는 것과 같은 문제가 됩니다. 그러니 충분히 다뤄낼 수 있습니다.

또 하나 주의할 점은, 이 방법을 적용하려면 대상 수열의 계수가 상수여야 한다는 것입니다. (즉 $a_{n+1} = na_n$처럼 계수가 n에 따라 변하면 적용할 수 없습니다.)

이미 모두 알고 있는 내용이라면 괜히 선생님의 시간을 뺏은 셈이 되겠네요. 만약 처음 듣는 내용이라면, 제가 잘 설명했기를 바랍니다.

늘 행운이 함께하시길,
그리고 잘 지내시길!

스티브 스트로가츠
영국 케임브리지 $CB2\ 1TQ$
트리니티칼리지
에인절 코트

<center>~~~~~~~~~~~~~~</center>

선생님과 오간 편지가 담긴 파일철에 1980~1989년 사이의 편지가 거의 없는 게 조금 찜찜했다. 단 세 통뿐이었다. 그런데 바로 1984년에 조프레이 선생님의 맏아들 마셜이 세상을 떠났다. 그때 마셜의 나이는 스물일곱이었을 것이다. 우리는 이 일에 대해 한 번도 이야기하지 않았다. 선생님은 편지에서 이 일을 언급한 적이 전혀 없

다. 하지만 그 시기에 선생님이 내게 보낸 편지들을 갖고 있지 않으니, 어떻게 확신할 수 있을까? 혹시 나는 그 내용이 담긴 편지를 다른 편지들과 함께 버린 것은 아닐까?

마셜을 잘 알지는 못했지만 그가 어떤 모습이었는지는 기억이 난다. 나보다 두세 살 정도 위였고, 키가 크고 잘생겼으며, 곱슬거리는 머리와 환한 얼굴을 한 소년이었다. (확실치는 않은 기억이지만) 육상부에서 허들 선수로도 뛰었다.

아무튼 마셜은 죽었고, 선생님과는 그에 대해 한 번도 이야기한 적이 없었다.

선생님으로서야 당연하지 않았을까? 편지로 그런 이야기를 할 이유가 뭐가 있었겠는가? 그것도 내게 말이다. 아니, 누구에게라도 마찬가지였을 것이다. 그가 무슨 말을 할 수 있었겠는가?

하지만 나는? 왜 나는 선생님에게 아무 이야기도 하지 않았을까? 조의를 전한 적이 있기는 한 걸까? '조의'라는 말은 너무 형식적으로 들린다. 내가 진짜로 자문하고 싶은 것은, 마셜이 죽었다는 소식을 듣고 내가 얼마나 마음이 아프고 슬펐는지 한마디라도 전했냐는 것이다. 그의 죽음은 얼마나 끔찍한 일이었는가. 그런데도, 나는 그런 위로의 말을 한 기억이 없다. 그 사실이 너무 부끄럽다.

♪ ♪ ♪

파일철에 남아 있는 마지막 편지는 1985년에 쓴 것이었다. 대학원 졸업이 가까워졌을 무렵, 조프레이 선생님 댁을 방문한 적이 있었다. 계기는 고등학교 동창이자 대학원 동료였던 에드 랙이 "조프"(랙은 선생님을 이렇게 불렀다)를 찾아뵙고 싶어했기 때문이다. 당일치기로 다녀오는 일정이었다. 에드를 따라 나는 처음으로 선생님을 거의 동등한 위치에서 대할 수 있는, 일종의 친구처럼 느끼며 대했다. 에드는 분명히 그런 태도로 선생님을 대했으니 나라고 안 될 것도 없지 않은가? 조프 선생님은 우리 둘이 보스턴에서부터 자신을 만나러 온 것은 물론, 모두 함께 보게 된 것에 매우 기뻐하며 신이 나서 햄버거도 만들어주었다. 우리는 선생님에게 프로그래밍 가능한 계산기를 갖고 카오스 이론(당시 과학계에서 가장 뜨거운 주제였다)을 탐구하는 방법을 보여주며 몇 시간을 즐겁게 보냈다.

세 번째 편지인 그 빛바랜 제록스 복사본을 보면, 나는 시간 순서가 혼란스러워진다. 내 연구에 관한 소식이 담긴 신문기사와 함께 첨부된 메모에는 1985년 9월 2일이라고 적혀 있고, 말미에 이렇게 쓰여 있다. "가족 모두 일이 잘 풀리기를 바랍니다. 올가을에 다시 한 번 만날 수 있으면 좋겠네요."

그럼 에드와 함께 그를 찾아간 것은 1985년 봄이었을까? 아니면 그보다 앞선 1984년 가을이었을까? 그렇다면 마셜이 세상을 떠난 건 정확히 언제였던 걸까?

분명한 것은, 내가 "가족 모두 일이 잘 풀리기를 바랍니다"라고 쓸 때, 마셜의 죽음은 조금도 내 마음속에 떠오르지 않았다는 사실이다.

한편 눈에 띄는 점도 한 가지 있다. 나는 그 메모에서 선생님을

'미스터 조프레이'가 아니라 '조프'라고 불렀다. 그것 또한 하나의 이동shift이었다. 그 이후로 선생님은 내게 계속 조프였으니까.

'미스터 조프레이'가 아니라 '조프'라고 불렀다. 그것 또한 하나의 이동shift이었다. 그 이후로 선생님은 내게 계속 조프였으니까.

제6장

식탁보 위에 쓴
증명

1989.3.

흔히들 수학자는 사회성이 별로라고 이야기한다. 수학자들 사이에서 떠도는 오래된 농담 하나가 있다.

Q 수학자 중에서 외향적인 사람을 구분하는 방법은?
A 말하면서 상대방의 신발을 쳐다보는 사람.

하지만 대부분의 사람들이 잘 모르는 사실은, 수학 자체는 매우 사회적인 활동이라는 점이다. 수학자들 사이에서는 끊임없이 대화가 오간다. 아이디어를 주고받고, 함께 고민하고, 같은 문제에 가로막힌다. 수학처럼 뭔가 어려운 일을 하고 있을 때는, 이해해줄 수 있는 누군가와 그 문제를 공유하는 것이 큰 도움이 된다.

그중에서도 가장 좋은 순간은, 서로에게 설명을 해줄 수 있을 때다. 나는 그게 정말 좋다. 나만 그런 것도 아니어서, 수학자라면 다른 사람이 골머리를 앓고 있는 문제를 풀어줄 때 대부분 희열을 느끼곤 한다.

전설적인 물리학자 리처드 파인만Richard Feynman은 바로 이런 충동을 체현한 인물이었다. 동료들이 보기에도 파인만의 번뜩임은 항상 눈부실 정도였다. 책《파인만 씨, 농담도 잘하시네!》에 파인만이 적분한 함수를 미분할 때 이를 푸는 방법을 배운 이야기가 나온다. 고등학교 시절, 어느 날 물리 선생님이 그에게 방과 후에 남으라고 하고 이렇게 말했다. "파인만, 넌 말이 너무 많고 시끄러워. 왜 그런지는 나도 잘 알아. 네겐 수업이 지루하잖아. 책을 한 권 줄 테니 다음부터는 맨 뒤 구석에 가서 이걸 읽도록 해. 책에 있는 내용을 다 이해하고 나면 그때부턴 또 떠들어도 돼." 그 책은 우즈Frederick S. Woods가 쓴《고급 미적분Advanced Calculus》이었다. 파인만은 이 책을 통해 이른바 '적분기호 아래에서 미분하기differentiating under the integral sign'*라는 강력한 기법을 터득한다.

나중에 알고 보니 이 방법은 대학에서 그다지 많이 가르치지 않는 것이었고 딱히 강조되지도 않았다. 하지만 나는 이 기법을 어떻게 써야 하는지 금세 터득했고, 그 빌어먹을 도구 하나를 몇 번이고 계속 써먹었다. (…) MIT나 프린스턴에 있는 친구들이 어떤 적분 문제를 풀지 못하고 씨름하고 있을 때가 있었는데, 그것은 학교에서 배운 표준적인 적분 기법으로는 풀 수 없기 때문이었다. (…) 그럴 때면 내가 나

---

* 라이프니츠 공식(Leibniz rule)이라고도 한다. 적분으로 정의된 함수에 대해, 특정 조건을 만족하면 미분을 먼저 하고 적분을 해도 같은 결과가 얻어지는데, 이때 적분기호 아래에서 이루어지는 미분은 편미분이 된다.

서서 '적분기호 아래에서 미분하기'를 시도했고, 대부분의 경우에 문제를 풀 수 있었다. 당연히 나는 적분을 잘한다고 소문이 났는데, 그건 순전히 내가 가진 도구 상자가 다른 사람들과 달랐기 때문이었다.

몇 년 뒤 파인만이 맨해튼 프로젝트*에 참여하고 있을 때였다. 한 동료가 찾아와 자기 팀이 어떤 문제로 석 달째 골머리를 앓고 있다고 털어놓았다. 파인만은 "'적분기호 아래에서 미분하기'를 써보면 어때요?"라고 말했고, 동료는 30분 만에 그 문제를 풀 수 있었다.

$$\int \quad \int \quad \int$$

조프 선생님과의 편지는 그의 제자 한 명이 던진 질문을 계기로 1989년 3월에 활발하게 오가기 시작했다. 여러 통의 편지가 숨 가쁘게 오갔고, 그중에는 내가 중국집 테이블에 놓여 있는 종이 매트에 마구 갈겨 쓴 증명을 간장 흘린 자국이 그대로 묻은 채로 우편으로 보낸 것도 있었다.

어떤 이유에서인지, 이즈음부터 조프 선생님의 편지를 차근히 보관하기 시작했다. 스무 해 가까이 지난 지금, 첫 몇 통의 편지를 다시 들춰보면 나도 모르게 미소가 지어진다. 선생님은 철학적인 분위기에 잠겨, 수학 교육의 현실을 두고 이런저런 생각을 풀어놓는가

* 제2차 세계대전 당시 미국의 원자폭탄 개발 프로젝트를 이르는 명칭.

하면, 신나게 계산기와 씨름하는 한편, 대학 때 수학을 좀 더 공부하지 않았던 것을 부끄러워하고 있다.

그에 비해 내가 보낸 편지들에는 거의 전적으로 수학 이야기뿐이고, 내 생활과 관련된 내용은 찾아보기 힘들다. 이 시기는 내게 아주 중요한 때였다. 학교를 거의 마칠 무렵이면서, 사회생활을 시작하는 때였으니까. 그런데 나는 왜, 오랫동안 꿈꾸던 일자리(MIT 수학과 조교수)를 드디어 얻게 되었다고 그에게 아무런 말도 하지 않았던 걸까?

$$\int \quad \int \quad \int$$

우리가 매혹되었던 문제는 다음의 무한급수infinite series와 관련된 것이었다.

$$\frac{\sin 1}{1} + \frac{\sin 2}{2} + \frac{\sin 3}{3} + \cdots,$$

이것을 수학자의 방식으로 쓰자면 이렇다.

$$\sum_{k=1}^{\infty} \frac{\sin k}{k}$$

조프 선생님의 학생 가운데 한 명인 조시 래포포트Josh Rapoport가 이 급수가 '수렴'하는지 물어왔다. 즉 이 급수가 계속될수록 어떤 값에 점점 가까워지는지, 아니면 무한히 커지거나 혹은 어떤 한계값에도 전혀 가까워지지 않아서 '발산'하는지를 묻는 것이었다.

이런 질문은 미적분을 배우는 학생이라면 흔히 마주치게 되는(어쩌면 두려워하는) 종류의 문제다. 어떤 급수가 수렴하는지 발산하는지를 판단하는 여러 방법을 배우게 되는데, 그러다 보면 이런 급수들이 얼마나 놀랍고 정신이 아득해질 만큼 대단한지 잊기 쉽다. 학생은 지금 무한히 많은 수를 더하는 것에 대해 생각하라는 요구를 받고 있는 셈이다. 무한대가, 바로 눈앞의 종이 위에 놓여 있는 것이다. 하지만 미적분학을 이용하면, 그럼에도 불구하고 이를 다룰 수 있다.

그런데 조시가 질문한 문제에는 특이한 구석이 있다. 바로 $\sin k$라는 항이다. 미적분 기초과정에서는 이런 표현이 거의 나오지 않는다. 무엇보다도 사인값을 1, 2, 3 같은 정수에 대해 구하는 것 자체가 낯설게 느껴진다. 보통 사인값은 어떤 각도에 대한 것이고, 그 각도들은 대개 π(또는 $180°$)의 간단한 분수, 예컨대 $\frac{\pi}{2}$나 $\frac{\pi}{4}$ 같은 형태로 주어진다. π도 없이 그저 1이나 2에 대한 사인값이라는 것 자체가 이상하게 보일 수밖에 없다.

하지만 더 특이한 건, 사인함수는 진동oscillation한다는 점이다. 사인값은 양일 수도 있고, 음일 수도 있다. 위아래로 출렁이는 파동인 셈이다. 이 말은 급수의 어떤 항은 양의 값을 갖고($\frac{\sin 1}{1}$과 $\frac{\sin 2}{2}$처럼), 어떤 항은 음의 값($\frac{\sin 4}{4}$와 $\frac{\sin 5}{5}$처럼)을 갖는다는 의미다. 양의 값을 갖는 항과 음의 값을 갖는 항을 더하면 서로 상쇄되는 효과가 있으므로 이 급수는 수렴할 것처럼 보이기도 한다.

조프 선생님과 학생들은 이보다는 훨씬 간단하지만 비슷한 상쇄 효과가 일어나는 급수에 이미 익숙했다. 만약 양의 부호와 음의 부호가 아래처럼 엄격하게 번갈아 나타나고,

$$+ - + - + -$$

$\sin k$항에 +1과 −1을 대신 넣으면, 이른바 '교대조화급수alternating harmonic series'가 얻어진다.

$$1 - \frac{1}{2} + \frac{1}{3} - \frac{1}{4} + \frac{1}{5} - \frac{1}{6} + \cdots$$

이 급수는 수렴한다. 귀엽고 간단한 논증이니, 미적분을 배우지 않았더라도 한번 다음의 내용을 따라와보기 바란다. 우리가 어떻게 무한대를 길들이는지를 느끼게 해줄 것이다.

$$\int \quad \int \quad \int$$

직선 위를 걷고 있다고 생각하고, 시작점의 값을 0이라고 하자. 이제 이 점을 L_1이라고 부른다. 앞으로 무한한 걸음을 할 텐데, 여기는 가장 왼쪽 지점이다.

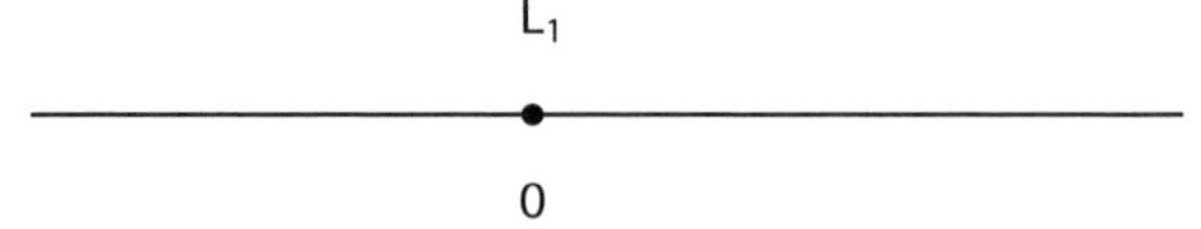

이제 오른쪽으로 1마일 걷는다. 이 여정에서 가장 오른쪽에 있는 지점인 이곳을 R_1이라고 이름 붙인다.

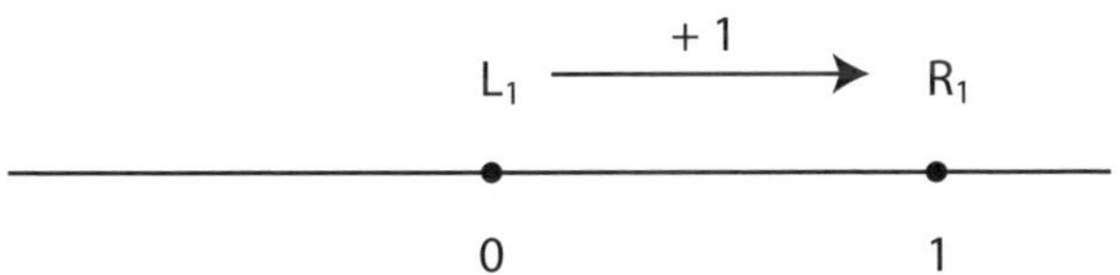

방향을 바꿔 왼쪽으로 0.5마일 되돌아온다. 이것이 교대조화급수의 첫 두 항인 $1 - \frac{1}{2}$에 해당한다. 이 새로운 지점을 L_2라고 표시하자. 이 구간에서의 가장 왼쪽 지점이기 때문이다.

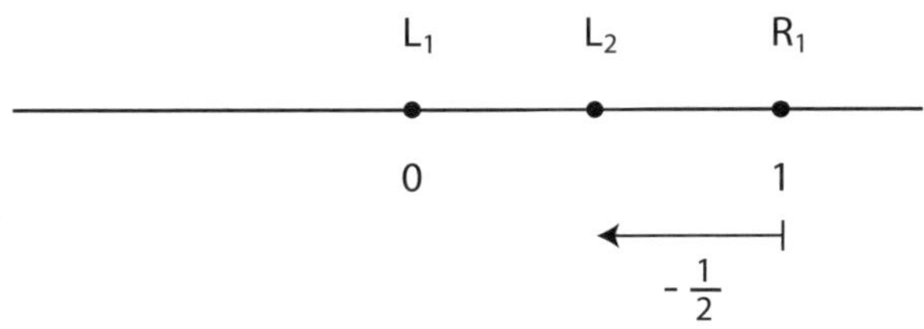

이제 감을 잡았으리라 생각한다. 이 과정을 계속 반복하는 것이다. 우측으로 방향을 바꿔 $\frac{1}{3}$마일 가서 그 지점을 R_2라고 표시한다.

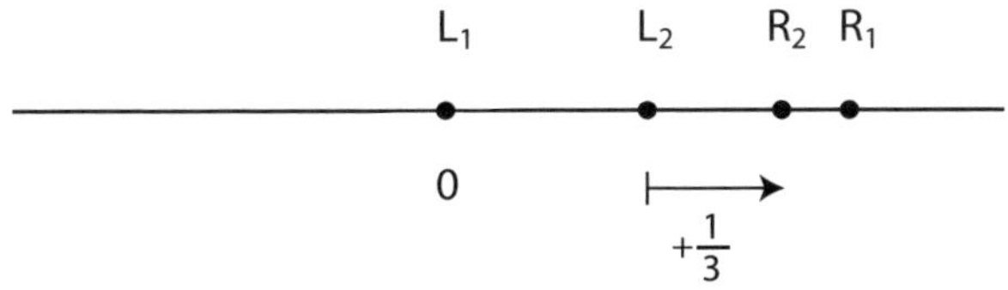

수치로 따져보고 싶다면, $L_2 = 1 - \frac{1}{2} = \frac{1}{2}$, $R_2 = 1 - \frac{1}{2} + \frac{1}{3} = \frac{5}{6}$이다. 하지만 이런 식으로 값을 계산하기보단 그림을 이용해서 생각하는 편

이 효과적이다. 이 과정을 계속 반복하면 어떻게 될지 대충 짐작이 가는가? 마치 바이스*가 양쪽에서 조여오는 것과 같다. 바이스 왼쪽에 있는 점들이 $L_1, L_2, \cdots$이고, 오른쪽에 있는 점들이 $R_1, R_2, \cdots$이다.

왼쪽으로 방향을 틀 때마다 지난번에 왼쪽으로 갔던 지점까지는 미치지 못한다. 오른쪽도 마찬가지다. 다시 말해 L들과 R들 사이의 간격이 점점 줄어든다. 예를 들어 L_2와 R_2 사이의 구간은 L_1와 R_1 사이의 구간 안에 포함되어 있다. 굳이 그림으로 설명하지는 않겠지만, 그다음 위치인 L_3와 R_3 사이의 구간도 마찬가지다. 핵심은, 이 간격이 마치 바이스로 조이는 것처럼 양쪽에서 눌리며 점점 줄어든다는 점이다. 바이스는 절대로 완전히 닫히지는 않지만 점점 더 조여진다. 한마디로 L들과 R들이 '수렴'한다. 당연히 이 둘은 하나의 값으로 수렴한다(더 많은 항을 더하고 뺄수록 좌우에서 점점 서로를 향해 가까워진다).

그러면 L들과 R들이 만나게 되는 그 마법 같은 수는 무엇일까? 자연스러운 질문이지만, 미적분을 처음 배우는 사람들은 곧 이런 질문을 하지 말아야 한다는 걸 배우게 된다. 대개 너무 어렵기 때문이다. 경험칙으로 말하자면, 급수가 수렴한다는 것을 증명하는 것이, 그 급수가 어떤 값으로 수렴하는지를 찾아내는 것보다 훨씬 쉽다.

예를 들어 방금의 예에서 $1 - \frac{1}{2} + \frac{1}{3} - \frac{1}{4} + \frac{1}{5} - \cdots$의 값이 $\frac{1}{2}$과 $\frac{5}{6}$ 사이의 어떤 확정된 값이라는 건 쉽게 알 수 있다. 급수를 계속해 갈수록 그 값을 원하는 만큼 더 좁게 가둘 수 있다. 컴퓨터를 사용해서

---

* 기계 가공, 목공 등의 작업을 할 때 두 돌기 사이에 작업물을 끼워 고정하는 공구.

10단계 뒤를 계산해보면 다음의 값에 이른다.

$$L_{10} \approx 0.666$$

$$R_{10} \approx 0.719$$

100단계 뒤는 다음과 같다.

$$L_{100} \approx 0.6906$$

$$R_{100} \approx 0.6957$$

사실, 여기서 자세히 들어갈 필요는 없지만, 미적분학의 더 정교한 아이디어들을 사용하면 이 값이 2의 자연로그 값, 즉 ln 2 = 0.693147…임을 증명할 수 있다.

그런데 이 모든 이야기가 조프 선생님과의 편지와는 무슨 관계가 있을까? 왜 이걸 살펴본 걸까? 그건 선생님이 밀접하게 관련된 무한급수 $\sum_{k=1}^{\infty} \frac{\sin k}{k}$ 에 대해 비슷한 질문을 던지고 있기 때문이다. 이 급수는 수렴하는가? 만약 수렴한다면 그것을 어떻게 증명할 수 있는가? 선생님은 이 급수가 어떤 값으로 수렴하는지는 묻지 않았는데, 기억하겠지만, 그런 질문은 미적분 초급 과정에서는 금기이기 때문이다.

우리는 이 문제에 대해 3월 6일에 전화로 한참 이야기를 나누었다. 선생님은 $\sum_{k=1}^{\infty} \frac{\sin k}{k}$ 와, 이에 관련된 적분 $\int_{1}^{\infty} \frac{\sin x}{x} dx$ 에 대해 내게 물어보았다. 이후 수많은 편지가 오가게 되었다. 우리는 무한급수 문제뿐 아니라 푸리에 급수, 파인만이 이야기했던 라이프니츠 공식, 감마 함수, 그 밖의 여러 관련 주제들에 이르기까지 마음껏 빠져들었다. 마치 커다란 폭발을 맞이한 것 같았다.

~~~~~~~~~~~~

스티브에게

1989/3/8, 수요일

그날 밤 통화는 아주 즐거웠어. 혼자 저녁식사를 준비해 먹고 있어서(벽난로에서 햄버거를 구웠지) 조금 쓸쓸한 기분이었고, 추천서를 쓰고 있던 중에 마침 자네 전화를 받았던 거야. 오늘 아침에는 뭔가 시도했는데(어떤 수학 문제 하나), 잘 되지는 않았다네.

어쩌면 적분함수를 미분하는 라이프니츠 공식을 적용했어야 하는 건가 싶기도 하군! 배리 모런Barry Moran과 나는 혹시 자네가 《파인만 씨, 농담도 잘하시네!》에서 언급됐던 '적분기호 아래에서 미분하기'의 예를 하나 보내줄 수 있기를 바라고 있네.

다음 함수에 대해 혹시 조언을 조금 해줄 수 있다면, 학생 한 명과 함께 살펴보고 싶어.

$$\int_1^\infty \frac{\sin x}{x}\, dx$$

(어떤 문제인지는 물론 이해하고 있네만) 나도 이 함수가 수렴하는지 발산하는지 확신하지 못해서 몹시 궁금해. 이 적분이 절대수
~~~~~~~~~~~~

렘absolute convergence하는 건지, 아니면 음의 값을 가진 항이 무한히 있어야 조건부로 수렴conditional convergence하는 건지 잘 모르겠거든. 아, 이런! 컴퓨터로 시뮬레이션을 해보면 어떻겠냐는 자네의 제안을 아직 실행에 옮겨보지 못했군. '예비미적분/미적분'을 듣는 3학년 학생 중에 그걸 기꺼이 해볼 만한 학생이 있긴 하네.

에드에게도 안부 전해주게나.

월요일 저녁에 전화 줘서 고맙네.

조프

<div align="center">~~~~~~~~~~~~~~~~</div>

조프 선생님께,

1989년 3월 14일

(아인슈타인의 110번째 생일)

(텔레만*의 생일이기도 함)

그날 밤 이야기 나눌 수 있어서 정말 좋았습니다. 편지도 잘 받았고요.

보시다시피 이 편지에는 몇 가지 동봉 자료가 들어 있습니다. 하나는 '연애사'를 활용해 어떻게 하면 미분방정식과 그 해에 대한

---

* Georg Philipp Telemann(1681~1767). 독일 바로크 음악을 대표하는 작곡가. 참고로 바로크 음악은 구조, 대칭, 비례 등을 중시한다.

학생들의 흥미를 '자극'할지에 관한 짧은 메모와, 그와 관련해 시카고의 한 신문에 실린 기사 한 편이에요.

다른 하나는 제가 ('델타 함수δ-function' 혹은 무한 스파이크와 구분하려고) '유한 스파이크finite spike'라고 부르는 불연속 함수에 관한 자료입니다. 이 자료는 다소 간결하게 쓰였지만, 충분히 읽을 수 있을 거라 생각해요. 이 함수 역시 편지의 주제와 관련이 있는데요. 그러니까, 함수를 정의하는 데 적분이나 급수를 사용하는 겁니다(읽다 보면 무슨 뜻인지 알게 되실 거예요).

우선 다음 급수부터 다뤄보죠.

$$\sum_{k=1}^{\infty} \frac{\sin k}{k}$$

1. 적분 판정법은 적용 불가

처음에는 적분 판정법을 써보려고 했습니다. $\int_1^\infty \frac{\sin x}{x} dx$가 유한하다는 것을 알고 있었으니까요. (실제로 전화 통화 중에 제가 짐작/기억했듯이 이 값은 $\int_1^\infty \frac{\sin x}{x} dx = \frac{\pi}{2}$ 입니다. 이 적분에 대해서는 다음에 다시 이야기할게요. 그 과정에서 복소변수론complex variable theory의 기초도 함께 보여줄 생각이에요.)

하지만 안타깝게도, 설령 $\int_1^\infty \frac{\sin x}{x} dx$가 유한하다는 것을 알고 있다 해도 이를 활용하진 못합니다. 이 경우에는 적분 판정법을 쓸 수가 없어요(적분 판정법은 적분될 함수가 양과 음의 값으로 변화하지 않고 항상 양의 값을 가져야만 하거든요). 그래서 이건 적용이 안

됩니다.

2. **교대급수 논증** (저는 성공 못 했지만 선생님이라면 가능할지도)

그다음에 저는 교대급수 판정법, 그러니까 라이프니츠 법칙을 써보려고 했습니다.

[헛수고로 끝난 계산들이 편지에 한참 이어졌다…]

3. **컴퓨터 시뮬레이션은 수렴을 강하게 시사한다**

이제 서로 다른 N값에 대해 $\sum_{k=1}^{N} \frac{\sin k}{k}$ 를 계산해보죠. 제 컴퓨터로 몇 분 만에 다음 값이 구해졌습니다.

N	$\sum_{k=1}^{N} \dfrac{\sin k}{k}$
10	1.1245…
100	1.06042…
1,000	1.07069…
10,000	1.070868…
100,000	1.070805…

이 계산을 토대로 추측해본다면 대략 이 급수는 1.0708…에 가깝습니다. 참고로 이 계산은 N값을 지수적으로 일정한 비율(10의 거듭제곱)로 늘려가며 수행한 것입니다. 그 이유는 $\sum_{k=1}^{N} \frac{1}{k}$ 이 $\ln{(N)}$과 마찬가지로 발산한다는 것을 이미 알고 있었고, 혹시 이 급수에서도 그런 로그형 발산이 나타나는지 알아보고 싶었기 때문입니다. 만약 그런 발산이 있었다면, 부분합이 산술적으로 증가했을 겁니다(대략 말하자면 말이죠). 하지만 계산 결과가 그렇지는 않았으므

로, $\sum \frac{\sin k}{k}$ 는 수렴할 가능성이 아주 높다고 생각합니다.

4. 그럼 이제 결론을 내보죠

$$\sum_{k=1}^{\infty} \frac{\sin k}{k} = \frac{\pi - 1}{2} \approx 1.070796\ldots$$

이 아름다운 결과는 대체 어떻게 구해진 것일까요? 제가 사용한 방법은 푸리에 급수와 관련이 있습니다. 이제부터 핵심 아이디어를 설명해볼게요. 푸리에 급수에 대한 배경지식이 필요하다면 토머스의 《미적분학Calculus》이나 다른 참고서적을 보면 됩니다.

푸리에 급수의 기본은, 어떤 주기 함수 $f(x)$를 사인과 코사인의 합으로 표현하는 것입니다. 여기서는 주기가 2π인 함수들만 생각하기로 하고, 이 함수들은 모두 '기함수odd function'*라고 가정해보죠. 그러면 $f(x)$를 가중치가 주어진 사인함수의 합인 $f(x) = \sum_{k=1}^{\infty} a_k \sin kx$로 표현할 수 있고, 이때 a_k는 $f(x)$에 따라 정해지는 계수입니다.

예를 한 번 들어볼게요. 다음과 같은 함수를 생각해보죠.

$$f(x) = \begin{cases} 1 & 0 < x < \pi \\ -1, & -\pi < x < 0 \end{cases}$$

---

* 기함수란 $f(-x) = -f(x)$를 만족하는 함수로, 그래프가 원점에 대해 대칭이다.

그리고 이를 모든 실수 x에 대해 주기적으로 반복합니다. (π의 배수일 때는 $f(x) = 0$이라고 놓습니다. 이로 인한 불연속성은 문제가 되지 않습니다.) 이 함수는 구형파square wave입니다.

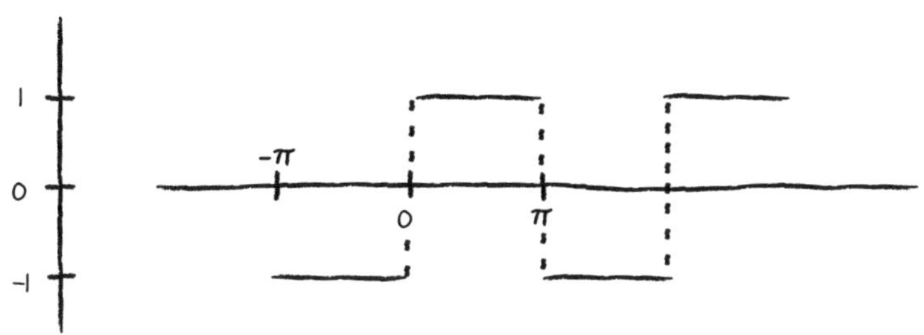

학생용 과제　아마도 루미스고등학교에 있는 음악 신디사이저로 이 파형이 내는 소리를 들어볼 수 있을 겁니다(제가 프랫 선생님이 강의하는 과목을 수강할 때는 들을 수 있었거든요). 제 기억으로는, 오보에 소리와 비슷했어요. 구형파에는 수많은 배음harmonic이 포함되어 있는데, 우리가 이제 막 계산하려는 것이 바로 그겁니다. 각 배음의 세기 말입니다.

$$f(x) = \sum_{k=1}^{\infty} a_k \sin kx$$

이 함수에서 a_k는 여러 배음들의 진폭을 뜻합니다. 이제 a_1을 계산해보지요. $f(x)$는 위아래가 각지게 잘린 $C \sin x$처럼 생겼으니, a_1은 크고 양수일 것 같습니다.

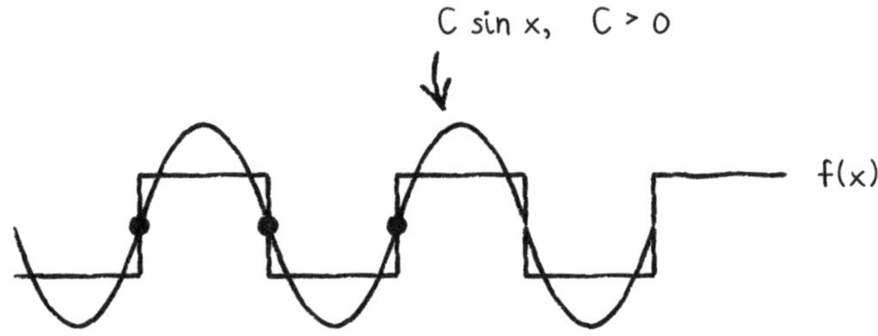

만약 $f(x) = a_1 \sin x + a_2 \sin 2x + a_3 \sin 3x + \cdots$ 이라면 다음과 같은 요령으로 a_1을 구할 수 있습니다. 양변에 $\sin x$를 곱하고 한 주기 동안 적분하는 것입니다. 이렇게 하면 $a_1 \sin x$항을 제외한 다른 모든 항이 모두 사라지고, 그 덕분에 a_1을 구할 수 있습니다. 아래 식을 보시기 바랍니다.

$$
\begin{aligned}
f(x) \sin x = {}& a_1 \sin^2 x + a_2 \sin 2x \sin x \\
& + a_3 \sin 3x \sin x + \cdots \\
\Rightarrow \int_{-\pi}^{\pi} f(x) \sin x\, dx = {}& a_1 \int_{-\pi}^{\pi} \sin^2 x\, dx + a_2 \int_{-\pi}^{\pi} \sin 2x \sin x\, dx \\
& + a_3 \int_{-\pi}^{\pi} \sin 3x \sin x\, dx + \cdots \\
= {}& a_1 \pi + 0 + 0 + \cdots \\
= {}& \pi a_1
\end{aligned}
$$

첫 번째 항을 제외한 모든 항이 적분하면 0이 됩니다. 정말 아름답죠.

그러므로 $a_1 = \dfrac{1}{\pi} \int_{-\pi}^{\pi} f(x) \sin x\, dx$ 가 됩니다.

지금까지는 $f(x)$에 대해서 특별히 한 것이 없습니다. 이제 특정한 $f(x)$를 이용해서 이 문제에서의 a_1을 구해보죠.

$$a_1 = \frac{1}{\pi} \int_{-\pi}^{0} (-1) \sin x \, dx + \frac{1}{\pi} \int_{0}^{\pi} (1) \sin x \, dx$$

$$= \frac{2}{\pi} \int_{0}^{\pi} \sin x \, dx = -\frac{2}{\pi} \cos x \Big|_{0}^{\pi} = \boxed{\frac{4}{\pi} = a_1}$$

이 결과는 a_1이 양수이고 큰 값을 가질 것이라는 최초의 직관과 일치합니다.

이제 더 일반적으로, k번째 진폭을 구해보죠. (이전과 마찬가지 방식으로, 이번에는 $\sin kx$를 곱해 a_k 항만 골라냅니다.)

$$a_k = \frac{1}{\pi} \int_{-\pi}^{\pi} f(x) \sin kx \, dx$$

$$= \frac{2}{\pi} \int_{0}^{\pi} \sin kx \, dx$$

$$= \frac{2}{\pi} \left(\frac{-\cos kx}{k} \Big|_{0}^{\pi} = \frac{2}{\pi k} (1 - \cos k\pi) \right.$$

$$\cos k\pi = \begin{cases} 1 & k\text{는 짝수} \\ -1 & k\text{는 홀수} \end{cases} = (-1)^k$$

$$\Rightarrow a_k = \frac{2}{\pi k} \left[1 - (-1)^k \right]$$

$$\Rightarrow a_k = \begin{cases} \frac{4}{\pi} \frac{1}{k} & k\text{는 홀수} \\ 0 & k\text{는 짝수} \end{cases}$$

(위 식에서 나타나는 $\frac{1}{k}$이라는 값은 아주 근사합니다.)

그러므로 원래의 구형파는 다음과 같이 표현됩니다.

$$f(x) = \frac{4}{\pi} \sum_{k\text{는 홀수}} \frac{\sin kx}{k}$$

학생용 과제 이 문제는 컴퓨터로 계산해보기에 좋습니다. 위의 함수의 각 항을 그려보고, 이들을 더해봅니다. 점점 구형파가 되는 것을 확인할 수 있을 겁니다!

이제 $\sum_{k=1}^{\infty} \frac{\sin k}{k}$와 어떻게 연결이 되는지 살펴볼게요. 앞에서 얻은 결과인 $f(x) = \frac{4}{\pi} \sum_{k\text{는 홀수}} \frac{\sin kx}{k}$와 꽤 많이 비슷하지만, 두 가지 차이가 있습니다. (1) 지금 우리가 알고자 하는 값은 $x = 1$일 때뿐이라는 점, (2) k가 짝수일 때의 값이 빠져 있다는 점입니다. $x = 1$일 때 $f(x) = 1$입니다($x \in (0, \pi)$이면 $f(x) = 1$이라는 점을 기억합시다). 그러므로 여기서 살펴보는 푸리에 급수가 정말로 $f(x)$를 나타낸다고 믿는다면 다음과 같은 결론이 얻어져야 합니다.

$$f(1) = 1 = \frac{4}{\pi} \sum_{k\text{는 홀수}} \frac{\sin k}{k} \quad , \quad \text{즉} \quad \boxed{\sum_{k\text{는 홀수}} \frac{\sin k}{k} = \frac{\pi}{4}}$$

아주 마음에 드는 모양새는 아니지만, 이 정도도 꽤 멋집니다. 이 상태에서 재미 삼아 $x = \frac{\pi}{2}$를 대입해보죠. $0 < \frac{\pi}{2} < \pi$이므로 역시 $f(x) = 1$입니다. 그런데 이제는

$$1 = \frac{4}{\pi} \left(\sin \frac{\pi}{2} + \frac{1}{3} \sin \frac{3\pi}{2} + \frac{1}{5} \sin \frac{5\pi}{2} + \cdots \right)$$

$$= \frac{4}{\pi} \left(1 - \frac{1}{3} + \frac{1}{5} - \cdots \right) \Rightarrow \boxed{\frac{\pi}{4} = 1 - \frac{1}{3} + \frac{1}{5} - \cdots}$$

인데, 이것은 $x=1$일 때 $\tan^{-1} x$를 맥클로린 급수로 펼쳐도 얻을 수 있습니다.

이제 제가 어떤 식으로 문제를 풀어나가려는지 짐작하시리라 생각됩니다. $\sum_{k=1}^{\infty} \frac{\sin k}{k}$ 를 어떤 함수 $f(x)$의 특정한 값이라고 생각하고 싶은 거죠. 그러니까, $f(x) = \sum_{k=1}^{\infty} \frac{1}{k} \sin kx$ 라고 놓고 여기에서 $x=1$을 대입해 $f(1) = \sum_{k=1}^{\infty} \frac{1}{k} \sin k$ 를 얻고 싶은 것입니다. 그런데 문제는, 이 푸리에 급수 $\sum_{k=1}^{\infty} \frac{\sin kx}{k}$ 가 도대체 어떤 $f(x)$를 나타내고 있느냐는 겁니다. [일종의 '역inverse 문제'다. 보통은 $f(x)$가 주어지면 이에 상응하는 푸리에 급수를 찾지만, 여기서는 반대로 푸리에 급수가 먼저 주어지고 이에 대응하는 $f(x)$를 찾아야 한다.]

저는 이 문제를 풀기 위해 수학 도서관에서 푸리에 급수 표를 찾아보았습니다. 결과는 이렇습니다.

$$\sum_{k=1}^{\infty} \frac{\sin kx}{k} = \frac{\pi - x}{2} \quad (단,\ 0 < x < \pi)$$

이 기함수의 주기적 확장을 그려보면 다음과 같습니다. 이는 톱날함수sawtooth function의 일종입니다.

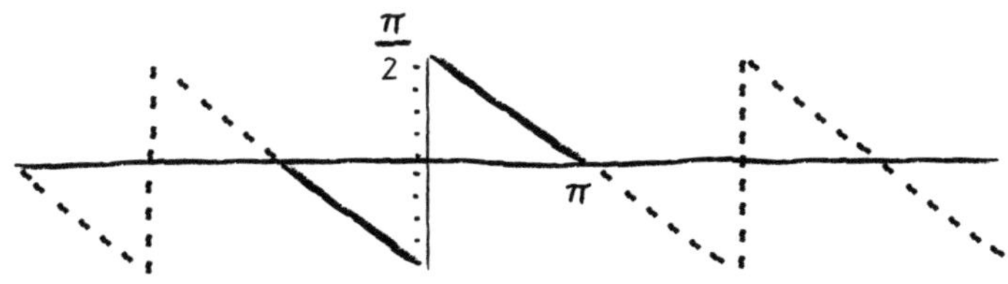

과제 컴퓨터나 오실로스코프를 이용해서 사인파들을 하나씩

더해보세요.

위의 내용을 바탕으로 $x=1$을 넣어 결과를 구하면

$$\sum_{k=1}^{\infty}\frac{\sin k}{k}=\frac{\pi-1}{2}$$

이 바로 따라나옵니다.

굳이 푸리에 급수 표를 찾아보지 않아도 쉽게 알 수 있는 결과입니다. 연습 삼아 $x\in(-\pi,\pi)$에 대해서 $f(x)=x$인 함수의 푸리에 급수를 계산해보시기 바랍니다.

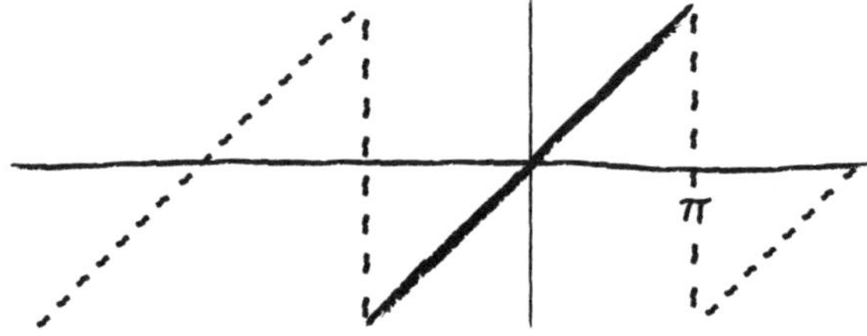

결과가 다음과 같아야 합니다.

$$x=2\sum_{k=1}^{\infty}(-1)^{k+1}\frac{\sin kx}{k}$$

$x=1$을 대입하면, 다음 결과가 얻어집니다.

$$1=2\left[\sin 1-\frac{1}{2}\sin 2+\frac{1}{3}\sin 3-\frac{1}{4}\sin 4+\cdots\right]$$

이것을 앞에서 구했던 $\sum_{k\text{는 홀수}}\frac{\sin k}{k} = \frac{\pi}{4}$ 와 결합하면, 이전에는 빠져 있던 k가 짝수일 때의 항의 값인 $\sum_{k\text{는 짝수}}\frac{\sin k}{k} = \frac{\pi}{4} - \frac{1}{2}$ 이 구해집니다. $\sum_{k\text{는 짝수}} + \sum_{k\text{는 홀수}}$ 를 계산하면 최종적으로 $\sum_{k=1}^{\infty}\frac{\sin k}{k} = \frac{\pi}{2} - \frac{1}{2}$ 이 됩니다.

다음 식이 성립한다는 것을 보여주기에는 너무 피곤하네요.

$$\int_0^{\infty} \frac{\sin x}{x}\, dx = \frac{\pi}{2}$$

대신 '적분기호 아래에서 미분하기'(라이프니츠 공식)의 한 가지 요령은 보여드릴게요. 제가 생각해낼 수 있었던 최선의 예이긴 하지만, 사실 이건 제가 진짜로 보여주고 싶은 예는 아니긴 해요. (리처드 파인만이 언급했던 우즈의 《고급 미적분》에서 발췌한 장을 동봉했으니 참고해주세요.)

혹시 n이 정수가 아닐 때 $n!$이 어떻게 정의되는지 아시나요? 이건 감마함수 $\Gamma(x)$라고 불리는데, 계승factorial의 개념을 확장시키는 것으로 오일러의 아이디어입니다.

일단 n이 정수라고 가정합니다. 그리고 다음 식이 성립함을 증명해보죠.

$$n! = \int_0^{\infty} x^n e^{-x}\, dx$$

사실 이건 귀납법을 이용해서 증명할 수도 있고, 그렇기 때문에 그다지 좋은 예는 아니긴 합니다. 여기서는 '적분기호 아래에서 미분하기' 방법을 사용해서 증명해볼게요. 그렇게 하면 각 항마다 부분적으로 적분해야 하는 수고를 덜 수 있거든요. 쉬운 것부터 시작해보죠.

$$\int_0^\infty e^{-ax}\, dx = -\frac{1}{a} e^{-ax} \Big|_0^\infty = \frac{1}{a}$$

이때 $a>0$은 매개변수입니다.

이제 이 식의 양변을 미분합니다. 매개변수 a에 대해서 미분하는 겁니다. 좌변을 미분하면 아래와 같고,

$$\frac{d}{da}\int_0^\infty e^{-ax}\, dx = \int_0^\infty \frac{d}{da}(e^{-ax})\, dx = \int_0^\infty -xe^{-ax}\, dx$$

우변을 미분하면 아래와 같습니다.

$$\frac{d}{da}\left(\frac{1}{a}\right) = -\frac{1}{a^2}$$

그러므로 다음 식이 성립합니다.

$$\frac{1}{a^2} = \int_0^\infty xe^{-ax}\, dx$$

이제 이런 식으로 계속 반복합니다.

$$a^{-2} = \int_0^\infty x e^{-ax}\, dx$$

양변을 a에 대해 미분하면 $\quad \Rightarrow -2a^{-3} = \int_0^\infty -x^2 e^{-ax}\, dx$

$$\Rightarrow \quad 2a^{-3} = \int_0^\infty x^2 e^{-ax}\, dx$$

다시 양변에 $\dfrac{d}{da}$ 를 수행하면 $\Rightarrow \quad 6a^{-4} = \int_0^\infty x^3 e^{-ax}\, dx$

$$\vdots$$

$$n!\, a^{-(n+1)} = \int_0^\infty x^n e^{-ax}\, dx$$

이제 $a=1$이라고 해보죠. 그러면

$$n! = \int_0^\infty x^n e^{-x}\, dx$$

이 되는데, 이것이 계승 함수 $n!$을 "적분으로 표현한" 것입니다.

여기서 핵심은 우변이 $n>0$인 모든 실수 n에 대해 정의되어 있다는 점입니다. 예를 들어 $\left(\frac{1}{2}\right)!$을 계산해볼까요? $\int_0^\infty e^{-y^2}\, dy$라는 정적분을 계산하기만 하면 됩니다.

어떻게 생각하시는지 의견이 궁금합니다.

오늘은 이만,
스티브

<div align="center">~~~~~~~~~~~~~~~~</div>

조프 선생님과의 편지 왕래가 너무 신나서, 나는 이 이야기를 누군가와 꼭 나누고 싶어졌다. 그 희생자는 내 친구 레니 미롤로Rennie Mirollo였다. 우리는 1979년에 햄프셔 여름 수학 캠프에서 강사로 만나 알게 된 뒤로, 거의 10년 동안 친구로 지내왔다. 대학원에 진학한 후에도 계속 인연을 이어갔고, 둘 다 교수로서의 길을 막 시작하려는 참이었다.

어느 날 서머빌에 있는 중국 음식점 청평에서 함께 점심을 먹다가, 나는 조프 선생님이 물었던 무한급수 문제를 레니에게 꺼냈다. 내가 그 문제를 푸리에 급수를 이용해서 어떻게 풀었는지 안달이 나서 이야기하려는데, 제대로 말을 시작하기도 전에 그는 복소변수를 이용하면 더 빠른 방법이 있을 거라고 말했다. 주문한 쿵파오 치킨과 참깨소스 소고기 요리를 앞에 두고, 우리는 붉은색 종이 식탁보 위에 그의 아이디어를 펼쳐가기 시작했다.

아이디어의 핵심은 푸리에 급수 대신 테일러 급수를 사용하는 것이었다. 레니는 오일러의 공식 $e^{ik} = \cos k + i \sin k$를 떠올리며, 우리가 구하고자 하는 합

$$\sum_{k=1}^{\infty} \frac{\sin k}{k}$$

의 값이 사실은

$$\sum_{k=1}^{\infty} \frac{e^{ik}}{k}$$

의 허수 부분에 불과하다는 점을 알아차렸다. 그리고 그는 어떻게 그 값을 구할지를 수식의 패턴을 통해서 알아냈다. 구체적으로 이야기하자면, $\sum_{k=1}^{\infty} \dfrac{e^{ik}}{k}$ 가 $z = e^i$일 때

$$\sum_{k=1}^{\infty} \frac{z^k}{k}$$

의 특수한 경우라는 점을 알아낸 것이다. 이 급수는 다시, 우리 둘 다 복소해석학 수업에서 본 적이 있는 유명한 급수와 밀접한 관련이 있다.

$$z - \frac{z^2}{2} + \frac{z^3}{3} - \frac{z^4}{4} + \cdots = \sum_{k=1}^{\infty} (-1)^{k+1} \frac{z^k}{k}$$
$$= \ln(1+z)$$

여기서 z를 $-z$로 바꾸면

$$-z - \frac{z^2}{2} - \frac{z^3}{3} - \frac{z^4}{4} - \cdots = -\sum_{k=1}^{\infty} \frac{z^k}{k}$$
$$= \ln(1-z)$$

이므로, 다음과 같이 된다.

$$\sum_{k=1}^{\infty} \frac{z^k}{k} = -\ln(1-z)$$

이제 기술적인 문제가 하나 등장한다. $\sum_{k=1}^{\infty} \dfrac{z^k}{k}$ 은 $|z| < 1$인 모든 z

에 대해서 $-\ln(1-z)$가 된다고 알려져 있다. 여기서 궁금한 점은 과연 이 급수가 $|z| < 1$이 아니라 $|z| = 1$인 $z = e^i$일 때도 여전히 통하는가 하는 점이다. 다시 말해, 이 급수를 수렴원circle of convergence의 내부뿐 아니라 원주 '위'에서도 활용할 수 있는가라는 질문이다. 간단히 답하기 어려운 문제다. 때로는 어떤 급수를 수렴 반경convergence radius까지 확장해도 여전히 수렴하는 경우가 있지만, 그렇지 않은 경우도 있기 때문이다. 다만 이 문제 같은 경우에는 수렴 반경을 벗어나면서 발산한다면, 결과가 전혀 말도 안 되는 값이 되므로 곧바로 알아챌 수 있다. 그래서 레니와 나는 일단 한번 해보기로 했다.

$z = e^i$를 대입하고 허수 부분을 취하면 $\sum_{k=1}^{\infty} \frac{\sin k}{k}$ 는 $-\ln(1 - e^i)$의 허수부와 같아진다. 이제 이 허수부를 구하기 위해

$$1 - e^i = re^{i\theta}$$

라고 놓으면,

$$-\ln(1 - e^i) = -\ln(re^{i\theta})$$
$$= -\ln r - i\theta$$

가 된다. 허수부의 값은 $-\theta$이므로, 이제 문제는 $re^{i\theta} = 1 - e^i$라는 등식에서 θ의 값을 알아내는 것으로 단순화된다.

마지막 단계는 삼각함수 연습이라고 할 수 있다. θ의 값을 구하는 방법 한 가지는 이렇다. $1 - e^i = re^{i\theta}$의 양변에서 실수부를 취하면

$1 - \cos 1 = r\cos\theta$가 되고, 허수부를 취하면 $-\sin 1 = r\sin\theta$가 얻어진다. 이제 두 번째 식을 첫 번째 식으로 나누어보자. 그러면 r은 소거되어 다음의 식이 얻어진다.

$$\tan\theta = \frac{-\sin 1}{1 - \cos 1}$$

우변에 아래의 반각 등식

$$\cot\left(\frac{x}{2}\right) = \frac{\sin x}{1 - \cos x}$$

을 적용해서 $x = 1$을 대입한다. 그러면

$$\frac{-\sin 1}{1 - \cos 1} = -\cot\left(\frac{1}{2}\right)$$

이 되므로

$$-\theta = \tan^{-1}\left(\cot\frac{1}{2}\right)$$

이 된다. 여기서 레니가 삼각형을 하나 그렸다.

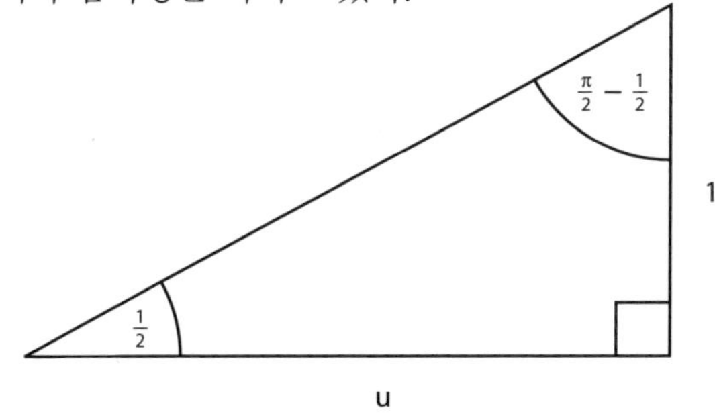

그러므로,

$$\tan^{-1}\left(\cot\frac{1}{2}\right) = \frac{\pi}{2} - \frac{1}{2}$$

이고, 그것이 바로 우리가 찾던 답이었다.

조프 선생님은 이 논증 전체를 아주 마음에 들어했다. 복소수를 활용한 점, 삼각형을 써서 해결한 자잘한 기법들, 그리고 문제의 급수가 수렴 반경 내에 존재할 거라는 덤덤한 가정에 이르기까지 다 좋아했다. 이후 여러 해가 지나도록, 선생님은 풀이가 적혀 있던 그 종이 식탁보를 마치 성스러운 두루마리라도 되는 양 새로 맡은 고급 과정의 학생들에게 종종 보여주었다고 한다.

$\sim\sim\sim\sim\sim$

스티브에게,

1989년 3월 20일, 월요일 저녁

자네가 보내준 $\sum\frac{\sin k}{k} = \frac{\pi-1}{2}$ 이라는 레니 미롤로의 해법을 받자마자 다른 일은 다 제쳐두고 이걸 파고들다 보니 벌써 저녁이 되었군. 풀이 과정이 모두 이해가 되고(가르쳐주는 누군가들 덕분에) 깔끔해서, 나는 혼자서 체셔 고양처럼 히죽거리고 있다네. 고등학교 교사로서 내가 늘 칠판에 적어 두곤 했던 것들(복소수, 상등, 극/직교 좌표 동치…)이 실제로 쓰이는 모습을 보게 되어 특히 반가웠어.

• 방금 자네와 통화를 해서, 지금으로서는 딱히 더 할 말이 없군. 그저 다시 한 번 고맙다는 말만 전하네. 이번에는 $\sum \frac{\sin k}{k}$가 회절diffraction 문제에서 쓰이는 방법을 비롯해, 벡터와 푸리에 급수 사이의 유비, 그 밖의 수많은 개념들에 대해 새로운 통찰을 얻게 해주어 고맙네.

자네와 레니가 $\tan^{-1}(\cot \frac{1}{2})$에 이른 과정을 보니 감탄이 절로 나더군. 삼각함수와 역삼각함수를 만들어내는 데 직각삼각형을 활용한 건 정말 멋졌어.

자네와 레니가 $\sum \frac{\sin k}{k}$를 구한 방법과는 다른 길을 더 탐구해보겠다는 메모를 방금 나 자신에게 남겼다네. 자네의 편지와 전화 덕분에 이번 방학은 내게 최고의 봄방학이 되었네!

•• 잠시 쉬었다가 $\sum \frac{\cos k}{k}$를 살펴봤어. 내 계산으로는 $\sum_{k=1}^{\infty} \frac{\cos k}{k} = -\ln\left(2\sin \frac{1}{2}\right) \approx 0.0420195$가 되더군. 그런데 확인차 프로그래밍 계산기인 TI-58으로 돌려보니 $\sum_{k=1}^{2450} \frac{\cos k}{k} \approx 0.042065$가 나오지 뭔가. 나는 내 프로그래밍상에 단계 번호를 세는 변수가 1씩 계속 더해지는 과정에서 오차가 계속 누적된다는 걸 알아챘네. 지금은 $k = 2714.08452$이고 합은… 이런! 합을 저장해둔 메모리를 잘못 건드린 것 같군. 지금은 값이 0.08이야. 아아, 밤이 늦었으니 오늘은 이만 자고 정신이 맑을 때 다시 살펴봐야겠어!

아침 식사를 하면서 계산기의 프로그램을 다시 실행시켜봤어(이번에는 종료 명령 없이). 내가 마침내 끼어들어 멈췄을 때 $k = 6719$였고(소수점이 없지!), $\sum \frac{\cos k}{k} = 0.0421715$이더군. 아마 나 아니면 TI-58 계산기 중 한쪽이 너무 늙어버린 거겠지. 자네가 에드와 함께 방문했을 때, 뒷마당에서 자네가 이 계산기를 쓰던 게 기억나는군. 내가 햄버거를 굽는 동안 자네는 이걸로 카오스 이론의 예시를 시연해보였지. 벌써 오래전 일이야. 어쩌면 자네가 예전에 남겨둔 흔적들을 가지고 이 녀석이 몰래 자기만의 성격을 만들어내고 있는 게 아닌가 싶기도 하다네.

남아 있는 내 정신줄을 부여잡고 아무리 생각해봐도, 얌전한 TI-58이라면 이진법으로 1부터 2714까지 세면서 2714.08452 같은 값이 나올 수는 없는 법이지. 어젯밤의 다른 오류들은 설명하기가 더 어려워. 적어도 오늘 이 녀석은 6719까지는 소수점 아래가 나오지 않으니 나를 헷갈리게 하지는 않는군. $\sum \frac{\cos k}{k}$가 내가 기대하는 값보다 크게 나온다는 점으로 볼 때, 계속 계산해나가면 $k \to \infty$로 가면서 어떤 한계값을 중심으로 위아래를 오르내리며 수렴할 것 같긴 해. 자네가 이미 $\sum \frac{\sin k}{k}$를 교대하도록 묶어서 라이프니츠 판정을 쓰려 했던 것처럼, 이번에도 그렇게 수렴을 점검해보면 어떨까 싶네.

내가 한 계산이 정확하다면, $-\ln\left(2\sin\frac{1}{2}\right)$이란 값이 좀 이상해 보이긴 하지만 이 값이 보여주는 단순함은 아주 매혹적이기도 하네. (혹시 지금 호프스태터*가 내 머리를 조종하고 있는 걸까?…
그가 "이상하면서도 매혹적인"이라는 용어를 쓰지 않았던가?)

오늘 아침에는 자네가 내준 과제, $\left(\frac{1}{2}\right)!$의 값을 구하는 문제를
들여다봤어. 내가 $\int_0^\infty e^{-x^2}\,dx = \frac{\pi}{\sqrt{2}}$ 라고 기억하고 있었다는 걸 켈빈
경**이 알았다면 분명 실망했을 거야. "이봐! 좋은 점수는 못 주겠
네!"라고 했겠지. 다행히 하버드에 간 제자 한 명이 마침 저 유명
한 적분의 이중적분 풀이가 담긴 교재 내용을 사진으로 찍어 보내
줬어. 그래서 나는 $\left(\frac{1}{2}\right)! = \frac{\sqrt{\pi}}{2}$ 라고 생각하게 되었네.

내 계산은 이렇게 진행되네(뼈대만 남긴 단계들이야).

$$\left(\frac{1}{2}\right)! = \int_0^\infty x^{1/2} e^{-x}\,dx = \int_0^\infty 2y^2 e^{-y^2}\,dy$$
$$= -ye^{-y^2}\big|_0^\infty + \int_0^\infty e^{-y^2}\,dy;$$
$$\left(\frac{1}{2}\right)! = 0 + \frac{\sqrt{\pi}}{2} \approx .886$$

(위의 y 적분은 부분적분으로 풀었는데, 그때 dv를 $e^{-y^2}2y\,dy$로 두었
네.) 결과식의 모양이 우아하기 때문에 제대로 답을 구한 것 같아
보였지만, n과 $n!$의 값이 같은 가장 작은 양의 실수가 무엇일까라
는 새로운 궁금증이 생겼네.

---

* Douglas Hofstadter. 인지과학자. 《괴델, 에셔, 바흐》의 저자.
** 절대 온도의 단위에 이름을 남긴 19세기 영국의 물리학자이자 수학자. 정확성·엄밀
함의 상징 같은 인물이다.

적분된 값을 미분하는 시도를 조금 해보다가, 계산기에 내장된 라이브러리에서 '심프슨 공식'* 프로그램을 불러서 $\left(\frac{1}{2}\right)!$ 의 값을 확인해봤네. 첫 번째 실행에서, 구간을 $n = 500$개로 나눈 다음에 곧 $\int_0^{1000} \sqrt{x}\, e^{-x}\, dx$ 을 계산했더니 값이 대략 $0.577\cdots$ 정도였어. 전혀 안심이 되지 않았지. 이보다는 훨씬 빨리 수렴할 거라고 생각했었으니까. 내 TI-58 계산기가 반항이라도 하는 걸까? 설마 내 프로그래밍이 서툴러서겠어! 내 미적분이 잘못된 걸까? 내 교사 자격증을 취소해야 하거나, 아니면 최소한 잠시 정지시켜야 하는 수준인 걸까? 으아아! @%X!

계산기에서 프로그램이 도는 동안(한 번 더 시도 중이야), 자네에게 묻고 싶은 게 있어. 혹시 라이언Thomas J. Ryan이 쓴 《P-1의 사춘기The Adolescence of P-1》를 읽어봤나? 여기 도서관에 한 부가 있네. 통제를 벗어나버린 자기 증식 프로그램을 만든 어느 젊은 대학생에 관한 가볍고 재미있는 소설이지. 아마 자네도 좋아할 거야. 10년 정도 전에 나온 책이라고 기억해. 마틴 가드너가 《사이언티픽 아메리칸》에 기고한 〈성냥갑에게 틱택토를 가르치는 법how to teach a match box to play tic-tac-toe〉(AI의 초창기에 나온 글이라네)도 소설 속에 언급되지.

내 TI-58 계산기는 내 생각과 다르게 동작하는 것 같은 느낌이야. 그래서 카시오 FX-7000G 설명서를 들춰보고선, 거기에 기본으로 제공되어 있는 '심프슨 공식' 프로그램을 입력해보려고 했어.

* 이차방정식을 이용해서 함수의 적분값의 근사값을 구하는 공식.

하지만 수많은 GO와 SYN 에러 메시지만 잔뜩 나와서 나를 모욕하더군. 차라리 비글과 함께 산책을 나갔다가, 나뭇가지와 말린 들오이로 주판이나 하나 만들어볼 참이야.

지금의 당황스런 마음이 조금 가라앉으면 자네가 나를 위해 지도에 그려준 스트로가츠풍 모험들을 다시 열정적으로 탐험하러 돌아오겠네.

자네에게 감탄과 감사의 마음을 전하네.

잘 지내길,
조프

〰〰〰〰〰〰〰

스티브에게,

1989년 3월 22일(수) 저녁

수의 사무실에서 자네에게 편지를 두 번 쓰는 바람에, 실수로 서신 몇 통을 H22 윈스럽으로 보내버렸네. 아마 편지 한 통과 엽서 한 장이었던 것 같아. 어떻게든 그것들이 자네에게 잘 도착하기를 바라네만(혹시 자네 주소가 윈스럽과 피어스 두 군데 모두인 건 아닌지?).

오늘은 교직원 교육이 있는 날이었어. 이건 행정 쪽에서 만들어낸 제도인데, 학생들보다 하루 먼저 교사들을 불러모아 교육의 어떤 측면에 관한 '자극적인' 세션들을 듣게 하는 날이라나. 오늘의 주제는 '모든 과목을 위한 글쓰기'였어. 솔직히 말해, 지난가을 킹스우드에서 열린 W.A.L.K.S 물리학 모임에서 셸던 글래쇼Sheldon Glashow가 했던 강연에 비하면, 오늘 내용은… 뭐라고 해야 할지, 최악이라고 부르기에도 표현이 모자랄 정도였어! 모든 학과가 글쓰기 교육에 책임이 있다는 강의를 (n번째로, $n \to \infty$?) 또다시 듣고 있는 동안 아주 많은 수식을 끄적거렸는데, 대부분은 최근에 자네가 덕분에 파고들게 된 것들이었어.

자네가 내준 푸리에 급수 문제를 풀어보려고 애쓰는 동안, 계수를 구하는 데 쓰는 그 '소거 장치'가 매우 효과적이라는 사실을 새삼 깨달았다네. 내 경력 치고는 너무 늦은 감이 있지만, 어쨌거나 내가 '낙타 혹 정리'라고 이름 붙인 것이 필요했어.

$$\int_{-\pi}^{\pi} \sin^2 kx \, dx \qquad k \in \mathbf{N}\text{일 때} = \pi, \text{ 어떤 } k\text{에 대해서도.}$$

기하학적으로 볼 때, 나는 이것이 자연수 k가 증가함에 따라 마치 낙타의 혹이 점점 눌려 들어가는 모습이라고 생각했지. $\int_{-\pi}^{\pi} \sin^2 x \, dx = \pi$라는 사실은 그래프를 통해 이미 알고 있었네.

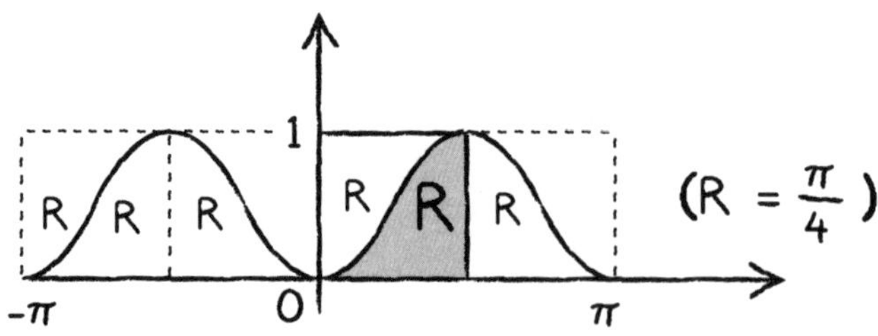

R 영역을 보면 항상 이 모양에 들어맞는 직소 퍼즐 조각이 떠오르더군.

그러더니 자네가 나를 푸리에 작업으로 밀어넣어준 게 촉매가 됐어. 그 직소 퍼즐 조각들이 마치 아코디언처럼 점점 눌려 들어가는 걸 상상하다가, 갑자기 낙타의 혹이 보이더라니까. 하하!

아래는 $k=3$일 때의 그래프를 그려본 걸세.

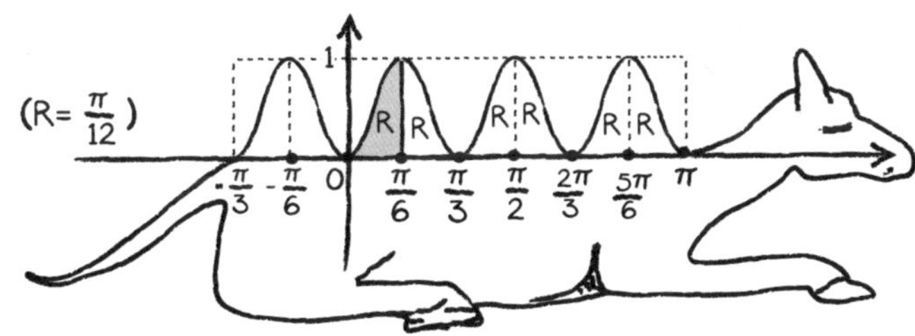

그러고 나서 $\sin^2$ 항 말고 나머지 항들은 모두 소거된다는 점도 스스로 납득해야 했지.

$$\int_{-\pi}^{\pi} \sin x \sin kx \, dx = 0 \quad (k \in \mathbf{N},\ k \geq 2)$$

나는 이 적분을 코사인들의 '합'으로 처리하기 위해 다음 식들을 썼어.

$$\cos(x+y) = \cos x \cos y - \sin x \sin y$$
$$\cos(x-y) = \cos x \cos y + \sin x \sin y$$
$$\overline{\cos(x-y) - \cos(x+y) = 2\sin x \sin y}$$

이걸 쓰다 보니, 사인과 코사인을 곱으로 나타내면 유용하다는 사실을 내가 꽤 오래전에 강조했었다는 것도 떠올랐어. 한때는 주기성periodicity에 관한 내용을 다룰 때 이것들을 포함시키곤 했지. 그때는 수업이 일주일에 다섯 번이었고, 시간도 50분이었어. 지금 우리가 수학 성취도에서 경쟁 국가들에게 밀리는 것도 무리는 아니야. 주 4회, 45분 수업으로 줄어들었으니까. 요즘 고등학교는 오후 2시면 수업이 끝나. 아마 미국 고등학생들은 슈퍼마켓에서 물건을 봉투에 담아주는 건 일본 학생들보다 더 잘할 거야(그래야 입체음향으로 음악을 들으면서 폰티악을 몰고 등교할 수 있을 테니까).

이야기가 옆길로 샜군!

보내준 식탁보에 적힌 증명 $\sum \frac{\sin k}{k} = \frac{\pi - 1}{2}$ 을 다시 훑어보다가, $\tan^{-1}\left(\cot \frac{1}{2}\right)$ 단계에 이르렀을 때(이게 마침 교직원 교육 강의 도중이었어), 번쩍하고 불이 켜지듯 $\tan^{-1}\left[\tan\left(\frac{\pi}{2} - \frac{1}{2}\right)\right] = \frac{\pi}{2} - \frac{1}{2}$ 이라는 것을 깨달았어. 혹시 내가 보낸 엽서가 제대로 배달되지 않았을지도 몰라서 이걸 여기 적어두네.

내일 내 수업은 졸업반 미적분학 AB 과목이야. 너무 많은 학생들이 8학년* 때부터 앞당겨 진도를 나간 탓에, 미적분학을 배우는 데 꼭 필요한 기본을 제대로 갖추지 못한 것 같아 걱정이야(어쩌면 수학에 대한 열의가 그리 높지 않은 것일지도). 많은 학생들은 사인과 코사인의 2배각 공식, 주기성, 대수 같은 것들을 잊어버렸더군… 아직 로그와 지수는 시작도 못했고. $\ln x$, e^x의 미적분을 다루

---

* 중학교의 마지막 학년. 한편 고등학교 졸업반은 12학년에 해당한다.

는 데까지 가려면 얼마나 많은 복습이 필요할지 엄두가 안 나네.

자네가 알려준 적분 아래에서 미분하는 방법을 배리 모런에게 보여줬어. 그도 $\left(\frac{1}{2}\right)$! 문제와 씨름 중이야. 내가 쏟아내는 이 많은 편지들에 꼭 답해야 하는 건 아니니 마음 편하게 가지게. 그저 자네가 보내준 내용들이 어수선한 책상 위에 방치되어 있는 것은 아니라는 걸 알려주고 싶을 뿐이니까. 아들 제프의 클라크슨 수학·공학 교재에서 스파이크 함수에 대한 내용을 본 기억이 있는데 이 책은 누군가가 훔쳐간 것 같군.

항상 고맙고 + 잘 지내게

조프

〜〜〜〜〜〜〜〜〜

조프 선생님께,

1989년 3월 28일

엽서와 편지 고맙습니다. 둘 다 무사히 잘 받았어요. 윈스럽은 집 주소이고, 피어스는 사무실 주소예요.

낙타 혹 이야기는 정말 마음에 드네요. 그림도 여전히 잘 그리시고요! 아마 이미 알고 계시리라 생각하지만, 그래도 한 가지 짚고 넘어갈게요. 보내주신 낙타 직소 퍼즐 그림에서 대비되는 부분은 $\int_0^\pi \cos^2 kx\, dx$ 를 거꾸로 뒤집은 것입니다.

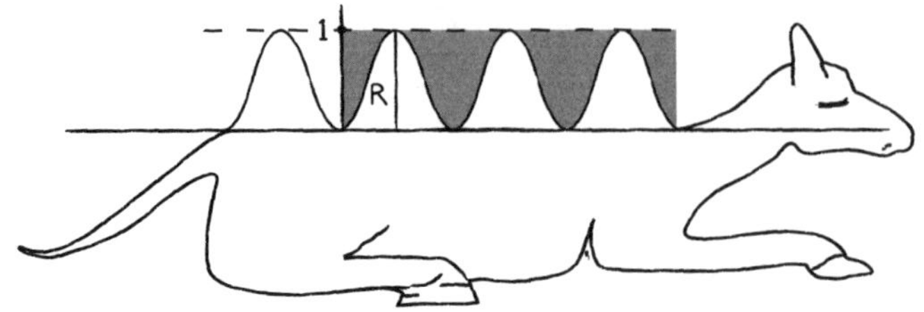

그런데 $\cos^2 kx + \sin^2 kx = 1$이므로

$$\int_0^\pi \cos^2 kx\ dx\ +\ \int_0^\pi \sin^2 kx\ dx = \int_0^\pi dx = \pi$$

이고, 좌변의 적분항 두 개의 값은 서로 같으므로, $\int_0^\pi \sin^2 kx = \frac{\pi}{2}$ 가 됩니다. 이것은 선생님이 직사각형으로 그려서 보여준 멋진 그림과 같은 내용이에요. 전문가들은 이를 가리켜 "한 주기 동안의 $\sin^2$의 평균값은 $\frac{1}{2}$"이라고 외웁니다.

$\sum \frac{\cos k}{k}$의 값을 구하신 것도 저와 일치하는 결과입니다. 대단하시네요!

그리고 $\tan^{-1}\left(\cot \frac{1}{2}\right) = \frac{\pi}{2} - \frac{1}{2}$에 대해서는, 또 하나의 아주 좋은 그림이 있습니다.

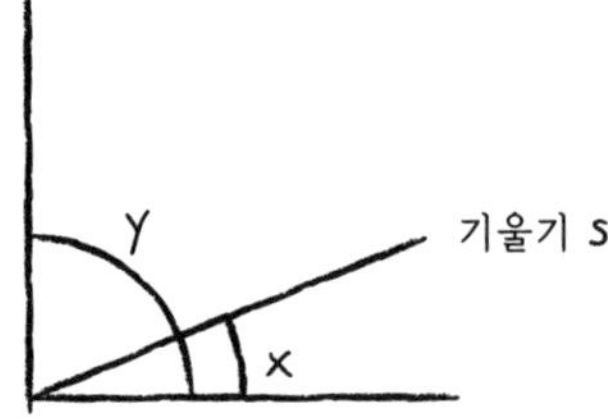

또한 실수 x에 대한 감마함수, $\Gamma(x) = (x-1)!$의 그래프도 함께 보내드립니다. 보기에, 최솟값은 $x = 1.46\cdots$ 근처일 겁니다(왜 그런지는 저도 아직 잘 모르겠어요). 그러니까 $x > 0$일 때 최솟값은 $(0.46)!$이라는 얘기입니다. 놀랍죠! ← 이 느낌표는 팩토리얼 기호가 아니에요. 배리 모런에게도 안부 전해주세요.

잘 지내시길,
스티브

제7장

승려와 산

1989~1990

1961년 6월호 《사이언티픽 아메리칸》의 "수학 게임" 칼럼에서 마틴 가드너는, 창의성 심리학 강의에서 단골로 등장하게 되는 수수께끼 하나를 제시했다.

어느 날 아침, 해가 떠오르는 순간에 한 불교 승려가 높은 산을 오르기 시작했다. 폭이 30~60센티 남짓한 좁은 산길은 산을 휘감아 올라, 정상에 세워진 빛나는 사원으로 이어졌다. 승려가 산을 오르는 속도는 일정하지 않고, 느렸다가 빨랐다가 했으며, 중간중간 여러 번 쉬면서 미리 갖고 간 말린 과일을 먹기도 했다. 절에 도착했을 때는 해가 지기 직전이었다. 며칠 동안의 단식과 명상을 한 뒤, 승려는 왔던 길로 되돌아가기 시작했다. 올라올 때와 마찬가지로 해가 뜰 때 출발했고, 속도는 들쭉날쭉했으며 중간중간 여러 번 멈췄다. 물론, 내려올 때의 평균 속도는 올라갈 때의 평균 속도보다 더 빨랐다. 승려가 올라올 때와 내려갈 때, 정확히 같은 시각에 같은 지점을 지나게 되는 곳이 반드시 한 곳 존재함을 증명하라.

무슨 문제인지 잠시 생각해보기 바란다. 왜 이것이 반드시 참일 수밖에 없는지 논리적으로 분명하게 설명할 수 있는가? '마법의 지점'이 어디인지까지 알아낼 필요는 없다. 그 지점은 승려의 걷는 속도, 휴식 시간 등과 같은 다양한 변수에 의해 달라질 테니까 말이다. 당신이 해야 할 일은 그런 지점이 어딘가에 반드시 존재한다는 것을 증명하는 것뿐이다.

많은 사람들이 느끼기에, 이 문제는 주어진 정보가 충분치 않아서 증명하기가 불가능하다. 실제로 단순한 입담이나 대수식만으로는 풀 수 없음이 분명하다.

그래도 한 번 시도해보고, 계속 읽어나가길 바란다.

한 가지 방법은 그림으로 설명하는 것이다. 승려의 위치, 즉 고도를 시간에 따라 표현한 그래프를 그린다고 생각해보자. 올라갈 때의 그래프는 해 뜰 무렵 산 아래에서 시작해, (걸음 속도도 일정하지 않고 휴식도 불규칙하므로) 굴곡진 선을 그리며 위로 올라가다가, 마침내 해 지기 직전에 사원이 있는 정상에 도달한다.

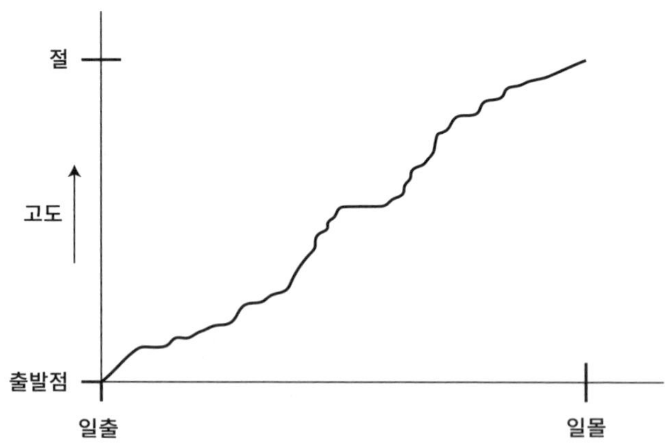

이제 내려올 때는 그래프가 어떤 모습일지 생각해보자. 역시 구불구불한 곡선이다. 구체적으로 어떤 모양이 될지 정확히 알 방법은 없고, 다만 정상에서 시작해 산 아래에서 끝난다는 사실만 안다.

그렇지만 다행히도 이 정도의 정보면 문제를 풀기에 충분하다. 올라갈 때의 그래프와 내려올 때의 그래프를 같은 좌표축 위에 그려보면, 두 곡선은 어딘가에서 반드시 서로 교차할 수밖에 없다. 바로 그곳이 승려가 두 날의 같은 시각에 같은 위치에 있었던 지점이다.

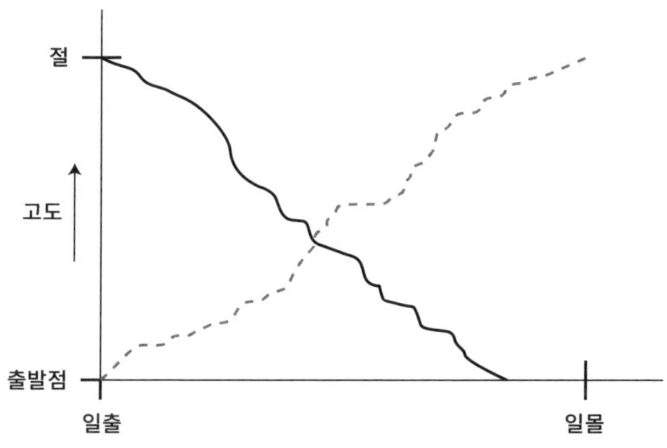

만약 이 논증이 충분히 설득력 있게 느껴지지 않는다면, 미적분을 이용해 더 엄밀하게 증명하는 방법도 있다. 두 곡선이 모두 시간에 대해 연속인 함수라고 가정하자(즉, 승려는 산길을 따라 연속적으로 움직이며, 여기저기로 순간이동을 하거나 제트 엔진 배낭을 쓰지 않는다는 뜻이다). 그러면 중간값 정리intermediate value theorem에 따라, 올라가는 곡선과 내려오는 곡선은 어딘가에서 반드시 교차할 수밖에 없다는 것

이 보장된다.

이 설명도 나쁘지는 않지만, 여전히 최고의 증명이라고 하기에는 어딘가 부족하다. 최고라고 여겨지려면 오로지 상식과 약간의 상상력만으로 증명이 이루어져야 한다. 이와 같은 논증은 수학적 증명에서 시각화의 역할을 잘 보여준다.

승려를 '두 사람'으로 상상해보자. 한 명은 산을 오르고 있고, 다른 한 명은 내려가고 있다. 둘 다 같은 날 새벽에 동시에 출발한다. 다시 말해, 이틀에 걸쳐 일어난 사건을 하나의 날에 겹쳐놓고 지켜보는 것이다. 그러면 산을 오르는 승려의 자아는 산을 내려오는 자아와 어디에선가 만나게 된다. 바로 그곳이 두 자아가 같은 시각, 같은 장소에 있게 되는 지점이다. QED.*

∫ ∫ ∫

1989년 가을, 조프와 내가 어디에 서 있었는지를 되돌아보면, 나는 이 승려와 산 이야기가 떠오른다. 편지는 이전과는 비교할 수 없을 만큼 자주 오가려는 참이었고, 바로 그 시점에 우리의 커리어가 서로 교차하기 시작했다. 그의 길은 내려가고 있었고, 나의 길은 상승 중이었다. 우리는 서로 다른 여정을 걷고 있었지만, 그 당시만큼은

---

* Quod Erat Demonstrandum의 약자로, '증명되어야 했던 것'이라는 뜻의 라틴어이다. 증명이 완료되었음을 의미한다.

같은 시각에 같은 곳에 서 있었다.

그때는 우리 둘 모두에게 행복한 시기였다. 조프 선생님이 보낸 1990년 5월 7일 자 편지에는 그가 훗날 은퇴해 살게 될 집에 대한 이야기가 쓰여 있다.

~~~~~~~~

수와 나는 코네티컷주 올드라임에 바닷가의 염습지가 한눈에 보이는 멋진 집을 구입했네. 어제는 파랑새 한 쌍이 내가 만들어 둔 새집 여러 곳 중에서 어디에 자리 잡을지 고민하는 모습을 지켜보았고, 잠시 뒤에는 붉은여우 한 마리가 습지를 가로질러 유유히 지나가는 장면과 맞닥뜨리기도 했어. 해질 무렵 저녁식사를 하는 중에는 암사슴과 그 새끼가 뛰노는 모습으로 우리를 즐겁게 해주었지.

~~~~~~~~

한편 나는 MIT에서 교수 생활을 막 시작한 참으로, 굉장히 들떠 있었다. 이제 우리 둘은 교육자로서 동료인 셈이었다. 둘 다 학생들이 있었고, 그들에게 내주는 미적분 문제들을 서로 공유할 수도 있었다.

게다가 나는 마침내 사랑에 빠졌다. 엘리자베스는 엔지니어이자 에어로빅 강사였고, 나와 마찬가지로 유대인이었다. 내가 꿈꾸던 이상형에 거의 완벽하게 가까운 사람이었다. 다정하고 재미있었고 나를 사랑해주었다. 우리는 결혼을 향해 나아가고 있는 듯 보였다.

이제 부모님께 그녀를 소개할 차례였다.

"엘리자베스는 원래 말이 별로 없니?" 나중에 어머니가 내게 물었다. 음, 뭐, 그녀가 조금 예민하고 위축되어 있었을 수는 있지만, 전반적으로는 모든 것이 잘 흘러갔고, 모두들 어느 정도는 만족스러워했다. 어머니의 말에서 뭔가 마음에 들지 않는 낌새를 희미하게 느끼긴 했지만, 그저 그런 정도였고, 나중에 다시 보면 분명 나아지리라고 믿어 의심치 않았다.

∫ ∫ ∫

언젠가 통화하는 중에 조프 선생님은 학교 과학 교사가 물어봤다는 특이한 문제를 이야기해주었다. 그 문제는 '비선형 진동자nonlinear oscillator'와 관련된 것이었다. 보통 진동자를 이야기할 때는 스프링에 매달린 추가 마치 번지점프 줄에 매달린 것처럼 위아래로 움직이는 단순 조화harmonic 진동자, 즉 선형linear 진동자를 가리킨다. 가장 단순한 가정은, 선형적인 힘의 법칙*에 따라 스프링이 움직인다는 것이다. 즉, 스프링을 더 당길수록 그 힘에 정확히 비례해서 더 뒤로 간다는 뜻이다. 이 경우에는 진동의 크기에 관계없이 한 주기의 진동에 걸리는 시간은 일정하다는 것을 증명할 수 있다. 다른 말로 하자면, 진동 주기는 진폭과 관계가 없다. 고등학생이라면 누구나 배

---

* $F = -kx$. 후크의 법칙.

우는 내용이고, 가르치는 교사들도 당연히 아무런 의심을 하지 않는다.

그런데 만약 힘의 법칙이 선형이 아니라면 어떻게 될까? 예를 들어 그것이 $F = -kx^3$처럼 3차식이라면, 즉 당긴 거리의 세제곱에 비례하는 힘으로 스프링이 당긴다면 어떨까? 그래도 진동 주기는 여전히 진폭과 무관할까? 그게 아니라면, 진폭이 커질수록 주기는 짧아질까, 길어질까?

조프 선생님에게 내가 제시한 답은 차원 해석dimensional analysis이라는 기법을 이용한 것이었다. 이런 문제를 풀 때 빠르게 대략적인 계산으로 답을 구할 수 있는 방법이다. 이 방법을 쓸 때는 사실 미적분 같은 건 필요도 없다. 약간의 사칙연산과 문제에 등장하는 물리량의 단위(즉 차원)에 대한 기본적인 지식만 있으면 된다. 달리 문제를 풀 방법이 떠오르지 않을 때라면, 이 방법을 시도해볼 만하다.

〜〜〜〜〜〜

조프 선생님께,

1990년 4월 16일

스프링에 매달린 질량 m이 $F = -kx^3$이라는 힘의 법칙에 의해 진동할 때의 주기 문제에 대해 생각해봤는데 재미있었습니다. 이런 문제를 다룰 때 쓸 만한 좋은 방법이 있는데, 앞서 언급을 깜빡했지만, 이른바 '차원 해석'이라는 기법이에요. 문제에 등장하는 물리량들의 단위를 이용해 변수들 사이의 핵심적인 의존 관계를 알아내는 방법입니다.

예시 최초에 스프링이 당겨진 길이~displacement~를 A라고 하고 질량이 여기서부터 움직인다고 하죠. 그러면 이 문제에 등장하는 변수는 A, k, m 세 개뿐입니다.

- A는 스프링이 늘어난 길이입니다(단위는 미터). 중요한 점은 이 변수가 길이의 단위를 갖고 있다는 사실이에요. 이를 $A \sim L$이라고 표현합니다. "A라는 변수는 길이~length~ 단위를 갖는다"는 의미입니다.
- m은 당연히 질량~mass~의 단위를 갖죠. 이것을 $m \sim M$이라고 쓸게요.
- 그럼 k는 어떨까? 이 값은 $F = -kx^3$이라는 식을 통해서 정의되어 있습니다. F는 힘~force~이고, 단위는 질량과 가속도의 곱이므로, $F \sim ML/T^{2*}$이 됩니다(예를 들어 미터법 단위를 쓰는 경우라면 $kg \cdot m/sec^2$). 한편 x^3은 $x^3 \sim L^3$입니다. 그러므로 다음 관계가 성립합니다.

$$k \sim \frac{F}{x^3} \sim \frac{ML}{T^2 L^3} \sim \frac{M}{L^2 T^2}$$

---

* Mass, Length, Time.

요약하자면 다음과 같습니다.

$$\left.\begin{array}{l} A \sim L \\ k \sim M/(L^2 T^2) \\ m \sim M \end{array}\right\} \leftarrow$$ 우리가 찾는 것이 주기 $\sim T$(시간)이므로, 이 값들을, 오직 이 값들'만'을 어떤 방식으로든 적절히 조합해서 '시간'의 단위를 갖는 물리량을 만들어내야 합니다.

M과 L은 어떻게든 소거되어 순수하게 시간의 단위만 남아야 합니다. 시간 단위를 만들어내는 A, k, m의 유일한 조합은 다음뿐입니다.

$$\left(\frac{1}{k} \cdot \frac{1}{A^2} \cdot m\right)^{1/2} \sim \left(\frac{L^2 T^2}{M} \cdot \frac{1}{L^2} \cdot M\right)^{1/2} \sim T$$

다시 말해, 실질적으로 아무것도 하지 않고도, 주기가 반드시 $\frac{1}{A}\sqrt{\frac{m}{k}}$에 비례해야 한다는 사실을 이미 알아냈단 뜻이죠!

m, k, A의 적절한 조합을 구하는 '체계적인' 방법은

$$m^\alpha k^\beta A^\gamma \sim T^1 \sim T^1 M^0 L^0$$

이라고 쓰고 α, β, γ에 대해 아래와 같이 풀어내는 것입니다.

$$(m)^\alpha (k)^\beta (A)^\gamma \sim (M)^\alpha \left(\frac{M}{L^2 T^2}\right)^\beta (L)^\gamma$$
$$\sim M^{\alpha+\beta} L^{-2\beta+\gamma} T^{-2\beta}$$

이 값은 순수한 시간의 차원을 가져야 하므로 $M^0 L^0 T^1$이어야 합니다. 그러므로

$$\alpha + \beta = 0$$
$$-2\beta + \gamma = 0$$
$$-2\beta = 1$$

즉 $\beta = -\frac{1}{2}$, $\gamma = -1$, $\alpha = \frac{1}{2}$이므로 다음과 같습니다.

$$m^\alpha k^\beta A^\gamma \sim m^{1/2} k^{-1/2} A^{-1}$$
$$= \sqrt{\frac{m}{k}}\, \frac{1}{A}$$

(앞에서 예상했던 대로죠.)

주의 이 방법을 쓸 때는 관련이 있는 변수들을 빼먹으면 위험해집니다. 예를 들어 길이 ℓ, 질량 m, 초기 진폭이 θ_0인 진자에 같은 방법을 적용하는 경우를 생각해보면, 다음과 같이 쓸 수도 있습니다.

$$m \sim M$$

$$\ell \sim L$$

$$g \sim \frac{L}{T^2}$$

이렇게 쓰다 보면 θ_0는 차원이 없다는 사실을 잊기 쉽습니다(θ_0는 단위가 없는 그저 수number일 뿐입니다!).

결국 T는 θ_0(구체적으로 어떤 형태인지는 모르더라도)에 의해, 혹은 m, ℓ, g의 조합에 의해 결정됩니다. 시간 차원을 갖는 값을 얻는 유일한 방법은 $\sqrt{\frac{\ell}{g}}$ 조합을 이용하는 것뿐이고요. 여기서 질량 m은 절대로 들어갈 수 없습니다. 질량을 상쇄시킬 방법이 없기 때문이죠! 핵심은 θ_0가 여기에 끼어들 수 있다는 점인데(그리고 실제로 끼어들죠. 진자의 주기는 θ_0에 의존하니까요!), 바로 그게 '함정'입니다.

연습문제

(a) (위의 경우와 달리) 단순 조화 진동자의 주기는 초기 진폭과 무관하다는 것을 증명해보세요.

(b) 초기 속도 v_0가 0이 아니라는 조건이 추가로 주어진다면(즉 $v_0 \neq 0$) 어떻게 될까요?

(c) 위의 계산을 $F = -kx^n$(단, n은 양의 홀수) 형태의 힘의 법칙에 대해 모두 다시 해보세요. 이때 주기와 k, m, A 사이의 관계식은 무엇일까요?

이제 다음의 적분으로 넘어가죠.

$$\int_0^1 \frac{dx}{\sqrt{1-x^4}}$$

세제곱의 규칙에 따라 진동하는 진자의 주기를 에너지 보존 원리를 이용해서 계산하려면 앞에서 선생님께서 이야기했던 적분이 등장합니다. 제가 예상했던 대로 타원 적분입니다(선생님도 그렇게 예상했죠). 타원 적분에 대해서는 다른 기회에 설명하도록 할게요. 지금은 일단 값을 얻어내기 위해 할 수 있는 것부터 해보죠.

우선, $0 \leq x \leq 1$일 때 $1-x^2 \leq 1-x^4$이기에, 이 적분의 값은 유한합니다. 그러므로

$$\int_0^1 \frac{dx}{\sqrt{1-x^2}} \geq \int_0^1 \frac{dx}{\sqrt{1-x^4}}$$
$$\|$$
$$\sin^{-1} 1 = \frac{\pi}{2}$$

입니다. 따라서 아래의 관계가 성립합니다.

$$\boxed{\int_0^1 \frac{dx}{\sqrt{1-x^4}} \leq \frac{\pi}{2} \sim 1.57}$$

다음으로, 저는 수학 관련 각종 값이 실려 있는 어브래머위츠Abramowitz와 스테건Stegun의 책(이 분야의 바이블이죠)의 힘을 빌렸

어요. 그 책 17장 타원 적분 항목에 있는 공식 17.4.56을 보면 다음과 같이 쓰여 있습니다.

$$\frac{1}{\sqrt{2}} K\left(\frac{1}{2}\right) = \int_0^1 \frac{dx}{\sqrt{1-x^4}}$$

여기서

$$K(m) = \int_0^1 \left[(1-t^2)(1-mt^2)\right]^{-1/2} dt$$

를 "완전한 제1종 타원 적분complete elliptic integral of the 1st kind"이라고 부릅니다. (사실 이런 것들을 다 기억하는 사람은 아무도 없죠. "필요하면 언제든지 찾아보면 된다"라는 말은 제가 제일 싫어하는 표현이지만, 이 경우만큼은 그 말이 맞네요.)

책에 담긴 표를 보면 다음 값을 알 수 있습니다.

$$K\left(\frac{1}{2}\right) = 1.8540746773\ldots \text{(뒤에 10자리가 더 있음!)}$$

그러므로 아래의 결과를 추측할 수 있겠지요.

$$\int_0^1 \frac{dx}{\sqrt{1-x^4}} \approx \frac{1}{\sqrt{2}}(1.854\ldots)$$

$$\approx \boxed{1.31103\ldots}$$

(예상했던 대로 이 값은 $\leq \frac{\pi}{2}$입니다.)

[이후 편지에서는 컴퓨터를 이용한 계산 몇 가지가 이어지는데, 간단히 하기 위해 생략한다. 나는 피적분 함수 $(1-x^4)^{-\frac{1}{2}}$의 매클로린 급수 첫 40항을 컴퓨터를 이용해서 생성한 뒤, 이를 항별로 적분해 봤다. 그 결과로 얻은 근삿값은 실망스럽게도 1.22여서 예상하던 1.31에는 턱없이 모자랐다. 원인은 내가 사용한 매클로린 급수가 굉장히 느리게 수렴한다는 것이었다.]

따뜻한 안부를 전하며,
그리고 다음 질문을 기다리며,
스티브

추신: 지금은 새벽 2시 15분입니다(!)

조프 선생님,

잠자리에 들기 전에 $\int_0^1 \dfrac{dx}{\sqrt{1-x^4}}$ 에 대해 훨씬 빠르게 수렴하는 급수 하나를 생각해봤어요. 우리가 처음 시도했던 방법의 문제는 $\dfrac{1}{\sqrt{1-x}}$ 에 있는 특이점singularity 때문이었으니, 그 부분은 그대로 두고 나머지만 전개해보죠.

아마도 제일 좋은 방법은 다음이 아닐까요.

$$(1-x^4)^{-1/2} = \underbrace{(1+x^2)^{-1/2}} (1-x^2)^{-1/2}$$

이 식에서 중괄호로 묶은 앞쪽 인수 부분만 전개하면 아래처럼 됩니다(이 값은 $x=1$ 부근에서 특이점이 없습니다).

$$(1+x^2)^{-1/2} = 1 - \frac{1}{2}x^2 + \left(-\frac{1}{2}\right)\left(-\frac{3}{2}\right)\frac{1}{2}x^4 - \cdots$$

$$= 1 - \frac{1}{2}x^2 + \frac{3}{8}x^4 - \cdots$$

$$\Rightarrow \int_0^1 \frac{dx}{\sqrt{1-x^4}} = \int_0^1 \left(1 - \frac{1}{2}x^2 + \frac{3}{8}x^4 - \cdots\right)\frac{dx}{\sqrt{1-x^2}}$$

요점:

$\int_0^1 \frac{x^{2n}}{\sqrt{1-x^2}}\, dx$ 형태의 적분들은 모두 삼각함수 치환으로 풉니다. $x = \sin\theta$ 라고 하면,

$$\int_0^1 \frac{x^{2n}}{\sqrt{1-x^2}}\, dx = \int_0^{\pi/2} \sin^{2n}\theta\, d\theta$$

$$= \frac{\pi}{2}\, \frac{1}{2}\cdot\frac{3}{4}\cdot\frac{5}{6}\cdots\frac{2n-1}{2n} \qquad \text{(월리스 공식)}$$

이 공식을 쓰기만 하면 됩니다!

$$\int_0^1 \frac{1 - \frac{1}{2}x^2 + \frac{3}{8}x^4 - \cdots}{\sqrt{1-x^2}}\, dx$$

$$= \frac{\pi}{2}\left[1 - \frac{1}{2}\left(\frac{1}{2}\right) + \frac{3}{8}\left(\frac{1}{2}\cdot\frac{3}{4}\right) - \cdots\right]$$

$$\approx \frac{\pi}{2}\left[\frac{64-16+9}{64}\right] = \frac{57}{64}\frac{\pi}{2} \approx 1.399$$

이 급수는 양과 음이 번갈아가며 반복되므로, 더 많은 항을 계산할수록 상한과 하한의 폭이 줄어듭니다.

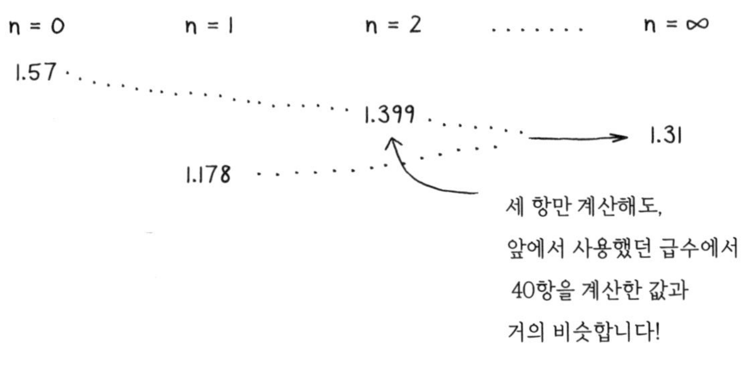

그해 늦은 봄, 나와 에드 랙은 루미스고등학교에서 열리는 교사 공로 만찬에서 조프 선생님에 대해 연설해달라고 초대를 받았다. 선생님은 1990년 스완 교육상을 수상했는데, 이 상은 여러 학교가 연합해 "최고 수준을 보여준 교사"에게 수여하는 것이었다.

주최 측에서는 에드와 내게 축사를 준비해 선생님을 깜짝 놀라게 해달라고 요청했다. 우리 둘은 대학원에 와서 친구가 되긴 했지만, 고등학교 수학부 시절부터 아주 오랫동안 알고 지낸 사이이기도 했다. 나보다 두 살 아래인 에드는 비범한 수학 능력을 가진 친구였다. 선생님들은 늘 그에 대해, 그의 완벽한 수학 점수(주마다 교내 대항 수학대회가 있었다)에 대해 이야기했다. 그는 호감형이었고, 전형적인 너드도 아니었고, 경쟁심이 강한 편도 아니었다. 그냥 담담하게 완벽한 아이였다. 떠오르는 버릇이라면 목을 자주, 그리고 꽤 크게 가

다듬는 정도였다. 마치 개가 짖는 소리처럼. 하지만 수학 천재치고는, 이 정도 버릇은 아주 사소한 편이다.

그리고 지금, 우리는 그 학교에 다시 돌아와 있었다. 웅장하고 오래된 학교 식당에는 샹들리에가 달려 있고, 식탁 위에 촛불이 켜져 있었으며, 중정을 내려다보는 커다란 창 너머로 저녁이 내려앉고 있었다. 드디어 우리가 축사할 시간이 되었다. 우리는 둥근 디너 테이블 옆에 서 있었고, 교사진, 그러니까 옛 선생님들이 우리를 올려다보며 미소를 머금고 기대에 찬 표정을 짓고 있었다. 나는 즉흥적으로 몇 마디만 준비했을 뿐, 따로 적어온 원고는 없었다. 시작은 괜찮은 것 같았다. 하지만 이내, 많은 사람들 앞에서 감정이 북받쳐 말문이 막혀버렸다. 그러자 내 바로 옆에 서 있던 에드가 말을 시작하며 날 구해줬다. 조프 선생님에 대한 굳은 애정이 담긴 따뜻한 말들이었다. 이번엔 목을 가다듬는 소리도 없었다.

그 뒤의 일은 잘 기억나지 않는다. 에드가 말하는 동안 내가 앉아 있었던가? 아니면 그대로 서서 마음을 추스르려 했을까? 기억이 죄다 흐릿하다. 어쨌거나 에드가 함께 있었기에 정말 다행이었다.

제8장

무작위성

1990~1991

어머니가 엘리자베스에 대해 걱정을 하기 시작한 건 1990년 여름이었다. 보스턴에 살면서 재정적으로 불안감을 느낀 엘리자베스는 우리가 뉴욕주 트로이로 이사하는 게 어떻겠냐고 이야기를 했다. 나는 그 지역에 있는 렌슬리어 공과대학에서 정교수 자격을 조기에 주겠다는 제의를 받은 상태였다. 뉴욕주 북부에서 어린 시절을 보냈던 엘리자베스는 그곳의 생활 방식과 물가가 마음에 든다고 했다.

하지만 그건 어머니의 마음에 들지 않았다. 전혀.

사실 엘리자베스에게는 꽤 오래전부터 여러 그럴 만한 이유로 불만을 품고 있었다. 우리 둘이 함께 있기 위해(지난 1년간 장거리 연애 중이었다) 그녀는 앨라배마주 헌츠빌에서 좋아하던 직장을 그만두었다. 그리고 내가 살던 작은 아파트로 들어왔는데, 둘이 살기에는 너무나 좁은 곳이었다. 그녀의 옷가지를 창고에 보관해야 할 정도였다. 직장을 구하지 못하는 나날이 이어지면서 점점 짜증도 늘어갔다. 어머니는 이렇게 말했다. "당연히 기분이 좋지 않을 거야. 약혼을 하고 싶어 할 텐데. 좋은 아이잖니. 청혼하는 게 어떻겠니? 너도 그러고 싶잖아, 맞지?"

그렇게 그녀와 나는 약혼을 했다.

하지만 엘리자베스가 보스턴과 MIT를 떠나 렌슬리어 공과대학으로 옮기는 이야기를 하기 시작하자, 어머니는 당신이 했던 조언이 잘못된 게 아닌가 의문을 품었다. 어쩌면 이 결혼을 다시 생각해 봐야 하는 건 아닐까. 내가 이 문제에 대해 이야기를 꺼내자 엘리자베스는 엄청나게 화를 내며 나를 때렸는지, 아니면 뭔가를 던졌는지 했는데, 아마 약혼반지였을 것이다.

결국 커플 상담센터를 찾아갔는데, 상담사는 우리 둘 사이의 문제를 꽤 심각하게 걱정하는 듯 보였다. 그럼에도 결혼 준비는 계속 진행되고 있었다.

그러던 1990년 10월 어느 이른 아침, 전화벨이 나와 엘리자베스의 잠을 깨웠다. 아버지가 말했다. "애야, 아주 안 좋은 소식이 있어. 어젯밤에 엄마가 돌아가셨다."

아버지는 어머니의 장이 꼬이는 문제가 있었고, 의사들이 수술을 하는 동안 그만 심장마비가 와서 수술대 위에서 돌아가셨다고 설명했다.

장례식장에서 나는 아버지, 형제들, 엘리자베스와 나란히 앉았다. 매부가 추도사를 읽는 도중 내 안에서 울부짖는 소리가 터져나왔다. 영화에서나 볼 법한, 너무나 큰 울음이었다. 그전까지는 배우들의 연기가 너무 과장되었다고 생각하던 나였지만, 그 순간 깨달았다. 영화의 장면들이 전혀 과장이 아니었음을. 사람들은 정말로 그렇게 울부짖는다. 내가 바로 그렇게 울고 있었다. 가슴이 울렁거렸고, 나

스스로 한 번도 낸 적이 없는 동물 같은 소리가 나왔다.

MIT 수학과로 돌아왔을 때 누구도 내게 별다른 말을 건네지 않았다. 장례식 때문에 며칠간 수업을 빠졌는데도 말이다. 단 한 사람(학과 사무실의 행정 직원인 낸시 토스카노Nancy Toscano)만 내게 조의弔意 카드를 건넸다. 나는 지금도 여전히 그렇고 그때도 그녀의 행동에 깊이 감동받았다. 그런 단순한 행동이 얼마나 따뜻하고 강력할 수 있는지 놀랐다.

수학과 동료들이 침묵을 지킨 것에 대해서는 전혀 서운하지 않다. 그들은 단지 무슨 말을 해야 할지 몰랐을 뿐이다. 마치 내가 조프 선생님의 아들이 죽었을 때 무슨 말을 해야 할지 몰랐던 것처럼.

그러던 중 조프 선생님에게서 반가운 위안처럼 느껴지는 한 편지가 왔다.

~~~~~~~~~~

스티브에게,

1990년 10월 13일

이번 새 학기 이야기를 자네에게 하고 싶었네. 학생 일곱 명과 다변수 미적분 수업을 시작했는데 지금은 여섯 명으로 줄었어. 아마 더 줄어들지는 않을 거야. 다들 수학에 재능이 있고 의욕도 충만한 훌륭한 친구들이지! 이제는 자네 이름이 모두에게 익숙한 이름이 되었어. 심지어 내게 처음 배우는 학생들도 자네 이름을 알
~~~~~~~~~~

지(부통령 이름조차 알지 못하는 학생들이라네). 자네에게 내가 가르치는 '파운더스 8'반에서 있었던 최고의 순간을 꼭 이야기해주고 싶어.

자네가 보내준 우즈의 책을 잘 활용하면서 《파인만 씨, 농담도 잘하시네!》에 자극을 받아, 학생들에게 적분함수를 미분하는 '마법'을 보여줬다네. 처음엔 $n! = \int_0^\infty x^n e^{-x} dx$ 라는 걸 보여줬지. 다음 날, 한 학생이 Γ함수를 공부하고선(아버지에게 배웠다고 하더군) 나를 찾아왔어. 우린 이 함수가 $n!$(오일러 함수?)의 변환이라는 걸 이미 알고 있지 않나. 내 기억이 희미해져가고 있긴 한데(내가 횡설수설하는군. !@%X) 자네가 $n!$의 최솟값을 보여주는 Γ함수 그래프를 보내준 게 떠올랐어. 또 어디에선가 켈빈 경이 $\int_{-\infty}^\infty e^{-x^2} dx = \sqrt{\pi}$를 모르는 사람은 수학자라고 할 수 없다고 했다는 이야기를 읽은 기억도 났지. 작년에 다변수 미적분 수업에서 극좌표로 이중적분을 해서 그 결과를 얻어냈다네… 수학 마지막 학기를 장식하는 최상의 피날레 같은 느낌이었어.

엉뚱한 이야기로 시작해버렸군. #!@%. 이러다간 본론은 시작도 못할 것 같네. 어제는 수업 시간에 $\frac{\sin x}{x}$와 e^{-ax}를 '결합'시켜서 $\int_0^\infty e^{-ax}\frac{\sin x}{x} dx$를 적분 안에서 미분하는 방식으로 풀어 $\int_0^\infty \frac{\sin x}{x} dx = \frac{\pi}{2}$를 얻어냈어. 한 학생은 이 과정의 아름다움에 감탄한 나머지, 거의 30초 동안 박수를 치기까지 했다네! 마치 바이올리니스트 펄먼Itzhak Perlman이 지금껏 연주가 불가능하다고 여겨지던 바이올린 협주곡을 최초로 연주해낸 장면을 본 사람 같았지.

음, 그렇다고 나를 그 공연의 주인공으로 생각하지는 말아줘.

난 그저 이 아름다운 수학 문제들을 열의를 갖고 전달해주는 역할만 했을 뿐이니까. 학생이 그런 반응을 보인 건, 내 교직 생활을 통틀어 처음 겪는 일이었네. 그 일은 젊은 학생들이 도전하는 다른 어떤 예술과 마찬가지로, 수학에도 탁월함을 알아보고 감동할 수 있는 힘이 충분히 존재한다는 걸 내게 다시 한 번 확신시켜줬어.

#!@X   1990년 11월 30일

요즘 너무 바빴어(가을 학기 시험, 윈드서핑, 성적 처리와 코멘트, 그리고 또 윈드서핑). 그러다 보니 이 편지는 서류 더미 맨 아래로 가라앉아버렸네. 다변수 미적분 수업은 여전히 즐거워. 그런데 사실 아직까지 (강의 제목이 암시하는 것처럼) 3차원 공간에서는 진도가 많이 나가지도 못했어. 대신 올가을은 자네와 레니가 보내준 연습문제들과, 예전에 미적분 중급Calculus BC 과정에서 다루지 못했던 내용들로 재미있게 보내고 있지. 학생 몇 명은 레니의 이름을 알고 있더군. 그 학생들은 수학 동아리 팀원인데, 어디선가 레니의 강의를 들어봤대. 자네가 중국집 테이블 종이에 써서 보내준 $\sum \frac{\sin k}{k}$ 증명도 다들 아주 좋아해. 데이비드 최라는 학생은 그 중국집이 어디인지까지도 알 것 같대. 예전 제자(지금은 코닥에서 일하는 수학 박사 연구원 존 해밀턴)가 내게 편지 한 통을 보내왔는데, 미식축구 리그NFL 경기 상황에서 나온 문제 하나를 알려주더군. 그의 말로는, 몇몇 팀들이 키커가 더 편하게 골대를 바라볼 수 있는 위치에서 공을 차게 하려고, 필드골을 차기 전에 고의적으로 반칙을 저질러 페널티를 받는 것 같다는 거였어. 어이쿠! 아, 물론 이런 플레이가 일어나는 경우는 공이 사이드라인 해시마크에 놓여 있어서 골대가 약간 옆으로 비껴 보일 때야. 우리 학생들이 이 문제에 달려들었고(어쩌면 장차 NFL 팀 전속 '수학자' 노릇을 하고 싶어 하는 건지도 모르겠어), 3차원 공간에서 벡터를 이용해 꽤 놀랄 만한 결과를 얻어냈어. 직접 경기장에 가서 눈으로 확인해보니 그 차이가 엄청나서 수학을 이용해서 얻은 결과를 확신할 수 있었지.

전설 얘기가 나와서 말인데, 나는 학생들에게 예전에 제이미 윌리엄스가 고등학교 3학년 가을학기 초에 미적분 예비 과정에서 했던 증명 하나도 소개해줬어. 삼각형의 높이를 표시하는 선 세 개가 한 점에서 만난다는 증명이었지. 그 친구는 내적*을 이용해서 아주 깔끔하게 풀어냈어(제이미가 내적을 아주 잘 사용할 줄 안다는 걸 보여주는 사례지). 아마 학생들은 오르막과 내리막 탄도 문제, 최대 사거리 문제 등도 재미있어 하리라고 봐. 나는 사분원형 각도기에 스프링 발사기를 고정해놓고, 경사진 테이블에서 실험 수업을 해볼까 생각해본 적도 있지만, 사실 내가 수학 가르치는 걸 좋아하는 이유는 복잡한 실험 장치를 설치하고 해체하는 일이 필요 없다는 점이거든. 사고실험이라는 것은 정말 멋지지. 비탈면 문제는 실험 장치도 필요 없고, 미적분 같은 복잡한 계산도 필요 없어. 어떤 학생들은 아침 등굣길에 노트북을 켜서 그냥 생각만으로

* 內積, dot product. 스칼라(scalar)곱 이라고도 한다.

풀 수 있을걸.

이번 11월은 내 인생에서 손꼽을 만큼 윈드서핑을 즐기기에 최고의 시기였네. 늦더위가 이어지면서 바람도 좋고 파도도 훌륭했지. 해안에서 반 마일쯤 떨어진 롱아일랜드 해협의 물결 위에서 서핑을 하면서, 나는 벡터란 무엇인가를 몸으로 직접 느끼고 있다고 생각하곤 했어. 4피트 높이의 너울을 따라잡아 파도 꼭대기에서 미적분에서 말하는 찰나의 순간만큼 버티다가, 이내 보드 속도가 시속 20마일을 넘기며 파도의 면을 타고 내려오지. 그런 순간에는 체감풍 때문에 온몸에 전율이 일어! 그래, 한동안은 에너지가 완전히 충전됐다고 할 수 있겠지. (학생들이 수업 시간에 내 얼굴에 떠 있는 그 멍청한 미소를 알아차릴까? 짜릿한 휴가의 기억이 자꾸만 떠올라서, 원래 있어야 할 '회전체의 표면' 같은 진지한 표면 위로 계속 치고 올라오는군.)

이제 내 교사 생활도 막바지를 향해 달려가고 있어 두렵기도 하지만, 루미스고등학교가 내게 선사해준 삶에 대해 너무나도 감사한 마음이야. 한 가지 아쉬운 점이라면 학교에 '수학 명예의 전당'을 만들어놓지 못한 거야. 하지만 내가 부임하기 전인 1950년 이전에 다녔을 뛰어난 학생들, 그리고 내가 가르칠 기회조차 없었던 이들에게 공정을 기하자면, 그저 내가 직접 알았던 전설들의 이야기를 전하는 정도가 맞을 테지.

휴가 시즌 즐겁게 보내며 푹 쉬길 바라네(자네도 좀 쉬어야지?).

조 프

며칠 뒤, 뜻밖의 일이 하나 벌어졌다. 전 미국이 수학 퍼즐 문제 하 나로 시끄러워지는 아주 진기한 일이 일어난 것이다. 일요 주간지 《퍼레이드Parade》에 실리는 "매릴린에게 물어보세요" 칼럼의 필자인 매릴린 보스 사번트Marilyn vos Savant(기네스북에 '아이큐가 가장 높은 사람'으로 등재되어 있다)가 수백만 독자 가운데 한 사람이 보낸 두뇌 퀴즈에 답한 것이 도화선이었다. 그 문제의 설정은 몬티 홀Monty Hall 이 진행했던 옛날 TV 게임쇼 〈거래를 합시다Let's Make a Deal〉에서 느슨하게 따온 것이었다.

당신이 게임쇼 프로그램에 출연했다고 해보죠. 눈앞에 문 세 개가 설치되어 있습니다. 그중 하나의 문 뒤에는 자동차가 있고, 나머지 두 개의 문 뒤에는 염소가 서 있습니다. 당신이 문을 하나 고르는데, 예를 들어 1번 문을 선택했다고 합시다(아직 열지는 않았습니다). 그러자 문 뒤에 무엇이 있는지 답을 알고 있는 진행자가 다른 문 하나를 엽니다. 예를 들어 염소가 있는 3번 문을 열었습니다. 진행자는 당신에게 묻습니다. "2번 문으로 선택을 바꾸시겠어요?" 이때 과연 선택을 바꾸는 게 유리할까요?

매릴린은 그렇다, 선택을 바꾸는 게 맞다고 주장했다. 그렇게 하면 자동차를 얻을 확률이 $\frac{2}{3}$가 되지만, 원래의 선택을 그대로 유지하면 확률이 $\frac{1}{3}$에 불과하다는 이유였다.

그녀의 주장은 너무나 직관에 반하는 것이어서, 수학자를 포함한 수천 명의 독자들이 격렬한 반박 편지를 보냈다. 그중 하나에는 이렇게 쓰여 있었다. "이 나라에는 이미 수학 문맹이 너무나 많습니다. 아이큐가 세계에서 제일 높은 사람이라 그걸 더 퍼뜨릴 필요는 없지요. 정말 창피한 일입니다!" 또 다른 사람은 꾸짖듯이 말했다. "저는 수학자이고, 대중들의 수학적 소양이 부족한 게 정말 우려스럽습니다. 부디 자신의 실수를 인정하고, 앞으로는 보다 신중하길 바랍니다." 간단명료하게 "당신이 바로 염소예요!"라고 쓴 편지도 있었다.

하지만 실제로는 매릴린의 답변이 옳다. 왜 그런지 살펴보자. 몬티가 선택을 바꿀 기회를 주었을 때, 그녀의 주장대로 선택을 바꾸면 일어날 수 있는 결과는 세 가지다.

- 당신이 선택한 문 뒤에 염소1이 있다. 몬티가 염소2를 보여준다. 당신이 선택을 바꾼다. 자동차를 손에 넣는다.
- 당신이 선택한 문 뒤에 염소2가 있다. 몬티가 염소1를 보여준다. 당신이 선택을 바꾼다. 자동차를 손에 넣는다.
- 당신이 선택한 문 뒤에 자동차가 있다. 몬티가 염소 하나를 보여준다. 당신이 선택을 바꾼다. 문 뒤에 염소가 있다.

그러니까, 선택을 바꾸면 매릴린이 이야기했던 것처럼 세 번 중 두 번은 이기게 된다.

이 문제를 직관적으로 더 명료하게 바라보는 방법은, 문이 아주 많은 극단적인 경우를 생각해보는 것이다. 예를 들어 문이 1,000개가 있다고 해보자. 당신이 선택한 문은 1번이다. 이 상태에서는 어느 문을 선택해도 자동차가 있을 확률은 1,000분의 1이다. 이제 몬티가 나머지 999개의 문 중에서 자동차가 없는 문 998개를 모두 연다. 아직 열리지 않은 문은 당신이 고른 문과, 다른 하나, 예를 들어 723번 문이라고 해보자. "자," 몬티가 묻는다. "1번 문을 선택하신 결정을 유지하겠습니까, 아니면 723번 문으로 바꾸겠습니까?"

이 정도면 사실상 723번 문 뒤에 자동차가 있다는 걸 알려준 것이나 다름없지 않은가! 이래도 계속 1번 문을 고집할 의미가 있을까?

조프 선생님은 이 논쟁에 관한 내 의견을 물었다.

<hr>

조프 선생님께,

1991년 1월 7일

제 생각에는 매릴린의 말이 맞습니다. 출연자가 문을 하나 고르고 진행자 몬티가 염소가 있는 문 하나를 열면, 선택을 바꿨을 때의 성공 확률이 $\frac{2}{3}$가 됩니다. 매릴린이 각각의 경우가 일어날 확률을 계산한 표를 보면 명백합니다.

사람들은 몬티가 문을 연 뒤에 남은 두 문이 보여주는 뚜렷한 대칭성에 현혹되는 겁니다. 그런데 중요한 것은 몬티가 아무 문이나 무작위로 연 게 아니라는 점입니다. 그는 항상 염소가 있는 문을 열거든요. 그렇기 때문에 남은 두 문의 확률은 대칭이 될 수가 없어요. 뭐, 그래도 여전히 헷갈리긴 하죠!

파스칼의 삼각형에 관한 두 가지 흥미로운 이야기가 있습니다.

(1) n이 음수일 때 파스칼의 삼각형을 확장하는 '올바른' 방법은 무엇일까요?

$$
\begin{array}{cc}
1 & \text{단계 } n = 0 \\
1 \quad 1 & n = 1 \\
1 \quad 2 \quad 1 & n = 2 \\
1 \quad 3 \quad 3 \quad 1 & n = 3 \\
1 \quad 4 \quad 6 \quad 4 \quad 1 & n = 4
\end{array}
$$

아마 학생들이 재미있어 할 문제일 겁니다. (어떤 면에서는 답이 명확하게 있는 문제가 아니에요.)

(2) 다음 수식에 대한 월리스의 공식을 찾는 좋은 방법이 있습니다.

$$
\int_0^{2\pi} (\cos\theta)^{2m}\, d\theta \quad (\text{단, } m \geq 1 \text{인 정수})
$$

이 방법은 파스칼의 삼각형과 $\cos\theta = \dfrac{e^{i\theta} + e^{-i\theta}}{2}$ 라는 오일러의 공식을 이용하면 되지요. 그런데 다음과 같은 괴물 같은 적분과 마주하게 됩니다.

$$
\int_0^{2\pi} \left(\frac{e^{i\theta} + e^{-i\theta}}{2} \right)^{2m} d\theta
$$

그런데 잠깐! 이항 공식을 이용하면 거의 모든 적분항이 사라집니다! (왜냐하면 아래처럼 0이 되는 항이 많거든요)

$$\int_0^{2\pi} e^{ik\theta}\, d\theta = \int_0^{2\pi} \cos k\theta\, d\theta + i \int_0^{2\pi} \sin k\theta\, d\theta = 0$$

단, $k=0$인 항(이항 전개에서 말하는 이른바 '가운데 항middle term'에 해당하는 항)들은 적분값이 0이 되지 않습니다. $k=0$일 때는 $\int_0^{2\pi} e^{ik\theta}\, d\theta = \int_0^{2\pi} (1)\, d\theta = 2\pi$입니다.

이제 남은 일은 가운데 항의 계수가 얼마인지만 알아내는 것입니다. (우리가 흔히 아는 예로는, $(1+x)^2$에서는 가운데 항의 계수가 2이고, $(1+x)^4$에서는 6이죠.)

$$
\begin{array}{c}
1 \\
1 \quad 1 \\
1 \quad \textcircled{2} \quad 1 \\
1 \quad 3 \quad 3 \quad 1 \\
1 \quad 4 \quad \textcircled{6} \quad 4 \quad 1
\end{array}
$$

일반적으로는 다음과 같습니다.

$$(1+x)^n = \sum_{k=0}^{n} \binom{n}{k} x^k$$

이때 $\binom{n}{k}$ ("n개 중에서 k개를 골랐다"라고 읽습니다)* 는 $\dfrac{n!}{k!(n-k)!}$을 의미합니다. 가운데 항은 항의 개수가 n에 이를 때 절반 지점에 위치합니다(다시 말해, 파스칼 삼각형의 한 줄에서 가로로 정확히 가운데에 있는 항). 지금 풀려는 문제의 경우에는 $n = 2m$이므로, 우리가 원하는 항은 $k = m$인 항입니다. 즉, 우리가 찾는 계수는

$$\frac{(2m)!}{m!m!} = \frac{(2m)!}{(m!)^2}$$

입니다(왜냐하면 $(n-k)! = (2m-m)! = m!$이므로). 확인해보죠 $m = 1$이면 이 값은 2가 되고, $m = 2$이면 6이 됩니다. 우리가 원했던 값과 정확히 일치하죠.

자, 이제 해치워보죠!

$$\int_0^{2\pi} \left(\frac{e^{i\theta} + e^{-i\theta}}{2}\right)^{2m} d\theta = \frac{1}{2^{2m}} \frac{(2m)!}{(m!)^2} \int_0^{2\pi} e^{i(0)\theta} d\theta$$
$$+ \ 기타 \ \int e^{ik\theta} d\theta \ 꼴의 \ 항들 \ (k \neq 0)$$

이 기타 항들은 적분값이 0이 됨

첫줄의 오른쪽 적분값은 2π입니다. 그러므로 답은 아래와 같습니다.

$$\boxed{\frac{2\pi}{2^{2m}} \frac{(2m)!}{(m!)^2}} = \int_0^{2\pi} (\cos\theta)^{2m} d\theta$$

---

* 고등학교 교과서의 조합 기호 $_nC_k$와 같은 의미로, n개의 원소 중에서 k개를 골랐다는 뜻이다. C는 조합(Combination)을 의미한다.

실제 계승factorial 연산을 해서, 이 결과가 정말로 아래의 월리스
공식을 이용해서 얻은 값과 같은지 직접 확인해봐도 좋습니다.

$$2\pi \cdot \frac{1}{2} \cdot \frac{3}{4} \cdot \frac{5}{6} \cdot \ldots \cdot \frac{2m-1}{2m}$$

자, 오늘은 이만 줄여야겠네요.

저녁 먹으러 가야 하거든요!

아디오스,
당신의 친구
스티브

제9장

무한과 극한

1991

일상의 언어로 생각해보면 무한infinity과 극한limit은 서로 모순되는 것처럼 들리겠지만, 미적분에서는 이 두 개념이 연결되어 하나의 포괄적인 개념을 형성한다. 이것은 사실상 미적분 전체를 통틀어 가장 혁명적인 개념일지도 모르고, 미적분을 이전부터 존재하던 수학의 다른 분야들(대수, 기하, 삼각함수 등)과 구분 짓는 것이기도 하다.

미적분의 위대한 성과는 무한을 다룰 수 있게 된 점이라고 할 수 있다. 사람들은 무한이라는 개념을 오랜 세월 동안 의도적으로 회피했고, 심지어 두려워하기조차 했다. 고대 그리스인들은 무한은 말이 되지 않는다고 생각했다. 르네상스 시대에도 교회는 오로지 신만이 무한할 수 있다는 논리로 무한 개념을 다루는 글을 엄격히 금지했다(실제로 조르다노 브루노Giordano Bruno는 그 지침을 어긴 죄로 화형을 당했다).

그러나 미적분을 만들어낸 선구자들은 달리 다른 선택의 여지가 없었으므로 무한과의 대면을 감행할 수밖에 없었다. 아직 그것을 논리적으로 완전히 이해하기도 전에, 이들은 무한과 그 거울상이라고 할 수 있는 무한소infinitesimal가 당시까지 풀리지 않던 수학적 문제들의 열쇠임을 직감했다. 곡선의 접선을 구하는 기하학 문제든, 궤도를 도는 행성의 순간 속도를 구하는 물리학적 문제든 접근 방법은 개념적으로 동일했다. 바로, 복잡한 운동이나 형태를 아주 작은 부분이 무한히 연결된 것으로 바라보는 것이다. 이렇게 보면 곡선은 무수히 많은 아주 작은 직선이 무한히 연결된 것이고, 타원 궤도는 아주 작은 크기의 다양한 등속 직선 운동이 무한히 모여서 만들어지는 것이다. 이런 접근 방법의 이점은 부분들이 전체보다 더 다루기 쉽다는 데 있다. 각 부분들은 플립북의 연속된 페이지들처럼, 거의 감지되지 않을 정도로 하나에서 다음으로 조금씩 변한다.

이와 관련된 개념인 극한은 근본적으로 당혹감을 주는 개념이다. 벽을 향해 현재 벽과 나의 거리의 절반만큼 다가가고, 다시 그 절반을 다가가고, 그렇게 계속한다는 오래된 난제가 이 개념을 드러내는 대표적인 문제다. 이런 식이라면 점점 벽에 가까워지기는 하지만 절대로 도달하지는 못한다. 미적분의 가장 근본적인 개념들은 모두 극한이라는 개념을 이용해서 설명된다. 극한은 미적분 연구의 2세대 학자들이 제시한 것이었는데, 이는 미적분 창시 세대의 학자들(특히 아이작 뉴턴)이 무한소를 이용하다가 맞닥뜨린 역설들을 피해가려는 목적에서였다. 뉴턴은 무한소를 때로는 0으로, 때로는 0이 아닌 것으로 다뤘고, 그 탓에 이랬다 저랬다 한다는 가차없는(그리고 놀랄 만큼 설득력 있는) 지적을 피할 수 없었다. 뉴턴에게 비판적인 사람들은 두 개의 논리적 오류가 운 좋게 상쇄되는 덕에 올바른 답이 나온 것일 뿐이므로, 그의 접근 방법 자체를 신뢰할 수는 없다고 주장했다.

문제를 궁극적으로 해결할 수 있게 된 것은 한 세기가 지나서였다. 뉴턴이 사용한 무한소는 실제로 0이었던 것이 아니라, 극한으로서 0 에 가까워지고 있을 뿐이었던 것이다.

$$\int \quad \int \quad \int$$

1991년 1월과 2월, 나는 조프 선생님과 이전에도 이후에도 없을 만 큼 빠른 속도로, 정신없이 편지를 주고받았다. 그 계기는 선생님이 칼 보이어Carl Boyer의 고전《수학의 역사A History of Mathematics》를 읽다 가 우연히 접한, 극한에 대한 암호같은 구절이었다. 보이어는 다음 과 같은 식을 유도하는 과정에 있었다.

$$\frac{2}{\pi} = \frac{1 \times 3 \times 3 \times 5 \times 5 \times 7 \times \cdots}{2 \times 2 \times 4 \times 4 \times 6 \times 6 \times \cdots}$$

이는 π를 모든 홀수 및 짝수와 연결짓는, 이른바 '무한곱infinite product' 수식이다. 원에서 시작된 π가 홀수·짝수와 관련이 있다는 사 실은 놀랍다. 홀수와 짝수는 산술의 산물에 불과하고 기하학과는 한 참 떨어져 있는 것처럼 보이기 때문이다. 그런데 조프 선생님의 관 심을 끈 것은 그런 우연성 자체가 아니었다. 선생님은 대체 어떻게 해서 보이어가 이런 접근을 하게 된 것인지가 궁금했던 것이다.

보이어는 이 무한곱을 구하는 과정에서, n이 무한대로 갈 때의 극 한을 대수롭지 않게 사용했다. 구체적으로 다음 식을 끌어왔다.

$$\lim_{n \to \infty} \frac{\int_0^{\pi/2} \sin^n x \, dx}{\int_0^{\pi/2} \sin^{n+1} x \, dx} = 1$$

이 식이 조프 선생님에게는 도무지 이해되지 않았다. 그는 학생들과 함께 이 수수께끼 같은 식을 증명해보려고 했지만 여의치 않았다. 2월 7일 자 편지에서 선생님은 이 문제에 대한 그들의 "자유분방한 공략"을 묘사한 뒤, 덤덤하게 내가 약혼했다는 소문이 사실이냐고 물었다. 나는 2월 19일 자 답장에서, $\sin^n x$의 그래프가 n이 무한대로 접근함에 따라 뾰족한 가시 같은 모양이 된다는 사실을 이용해 그 극한을 증명하는 방법을 보여주었다. 그리고 약혼 소문에 대해서는 긍정도 부정도 하지 않았다. 엘리자베스와 나는 분명 파국으로 치닫고 있었지만, 결혼 준비는 여전히 계속 진행하고 있었다. 그리고 몇 달 전 갑작스럽고도 충격적이게 어머니가 돌아가신 것에 대해서도 역시 선생님에게 말하지 않았다.

약혼에 대해 조심스레 물어본 것과, 뒤이어 막내아들이 항암 치료를 받고 있다는 소식을 전한 것을 보면, 선생님은 우리 둘 사이의 암묵적인 규칙을 바꾸려는 듯 보였다. 그는 우리 관계에 새로운 문을 열거나, 적어도 살짝 틈을 내보려는 것 같았다. 반면에 나는 의식적으로든 무의식적으로든, 그때까지처럼 선생님과는 질서 정연한 수학의 세계 안에 머무르려 했던 것 같다. 어쩌면 이때 오간 편지에서 극한과 무한이 주제가 된 것도 우연이 아니었을 것이다. 우리는 둘다 죽음을 의식하면서, 무한이 실제가 되는 유일한 장소에서 피난처를 찾고 있었는지도 모른다.

스티브에게,

1991년 1월 21일, 월요일

지난번 보내준 편지를 읽고 도서관으로 가서 보이어의 《수학의 역사》를 꺼내 월리스에 관한 부분을 살펴보았네. 책에는 다음과 같이 적혀 있었어. "월리스는 양의 정수값 n 몇 개에 대하여 $\int_0^1 (x - x^2)^n \, dx$의 값을 구한 뒤, 불완전 귀납법incomplete induction을 통해 이 값이 $\dfrac{(n!)^2}{(2n+1)!}$이라는 결론에 도달했다. 그리고 이 공식이 정수가 아닌 n에 대해서도 성립한다고 가정한 월리스는 $\int_0^1 \sqrt{x - x^2} \, dx = \left(\frac{1}{2}\right)^2 / 2!$이 된다고 결론 내렸다." 결과적으로 $\frac{1}{2}! = \frac{\sqrt{\pi}}{2}$가 된다는 이야기지(예전에 자네가 이미 우즈/파인만의 '적분 기호 안에서 미분하기' 방법으로 다른 계승들도 알려준 적이 있네). 이어서 보이어는 월리스가 제시한

$$\frac{2}{\pi} = \frac{1 \cdot 3 \cdot 3 \cdot 5 \cdot 5 \cdot 7 \cdots}{2 \cdot 2 \cdot 4 \cdot 4 \cdot 6 \cdot 6 \cdots}$$

을 그의 가장 잘 알려진 성과물 중 하나로 꼽았고, 오늘날이라면

$$\lim_{n \to \infty} \frac{\int_0^{\pi/2} \sin^n x \, dx}{\int_0^{\pi/2} \sin^{n+1} x \, dx} = 1$$

과

$$\int_0^{\pi/2} \sin^m x\, dx = \frac{(m-1)!!}{m!!} \qquad , m\text{이 홀수인 정수일 때}$$

$$\int_0^{\pi/2} \sin^m x\, dx = \frac{(m-1)!!}{m!!} \cdot \frac{\pi}{2} \quad , m\text{이 짝수인 정수일 때}$$

라는 정리를 이용해서 구할 수 있다고 적고 있어.

자네가 $\int_0^{\pi/2} \cos^{2m} x\, dx$를 보여준 덕분에 바로 위의 두 식은 이해가 되는데, 맨 앞의 그 극한은 잘 이해가 안 돼. 그런데 계승 기호가 연달아 있는 !!(이중 계승)의 정의를 이번에 처음 보게 됐어.

$$m!! = m\,(m-2)\,(m-4)\cdots$$

이고, 마지막 항이 2 또는 1로 끝나더군. 난 이걸 왜 여태 몰랐던 거지?

$\int_0^1 (x-x^2)^n\, dx$를 $n = 1,\ 2,\ 3,\ 4$에 대해 계산해봤네만, 이 계산을 계속하면 $\dfrac{(n!)^2}{(2n+1)!}$이 될 거라고까지는 말 못 하겠네. 그래도 내 계산 결과는 적어도 분수값에 대한 공식에는 들어맞았어. 하지만 값 몇 개를 보고 일반 공식을 추측하는 데 있어서 내가 할 줄 아는 요령이란 게, 결국 다항식에 쓰는 유한차분 정도밖에 없는 것 같아.*

요즘 페르시아만에서 일어나는 사태를 보면 많이 우울하다네. 작가 로버트 아드리Robert Ardrey가 탄자니아 올두바이 협곡에서 부서진 두개골을 발견하고서, 인류는 언제나 서로를 죽여왔다고 추

---

* 고등학교 수준의 패턴을 찾는 정도의 요령밖에 없다고 자조하고 있다.

론했던 것이 떠올라. 젊은 고고학자 루이스 리키Louis Leakey는 비과학적 추측이라며 아드리를 강하게 비판했지만, 우리 종 내부의 공격성이 자연계에서 꽤나 특이한 것임은 사실인 듯해.

거의 포근하다고 할 만한 1991년 1월 20일 일요일, 반짝이는 푸른 물결과 시속 12마일의 바람(견딜 수 없을 만큼 차갑지는 않은 바람이었네)이 이는 롱아일랜드 해협에서 윈드서핑을 즐길 수 있다면, 대체 누가 굳이 싸우고 싶어 하겠는가!

잘 지내길,

조프

〜〜〜〜〜〜〜〜〜〜

스티브에게,

1991년 2월 7일, 목 저녁

학생들과 아래 식에 도전해보았네.

$$\lim_{n \to \infty} \frac{\int_0^{\pi/2} \sin^n x \, dx}{\int_0^{\pi/2} \sin^{n+1} x \, dx}$$

학생 한 명이, $x = \frac{\pi}{2}$일 때를 제외하면, n이 늘어남에 따라 $\sin x$의 거듭제곱은 0으로 수렴한다는 것을 곧바로 이야기하더군. 내가 기대하던 대답이었기 때문에, 계산기로 $\sin^{10} x$, $\sin^{100} x$의 그래프를 바로 만들어 보여주었어. 다른 학생 한 명은 이 극한값이 로피탈의 정리에서 나오는 $\frac{0}{0}$의 형태와 유사해 보인다고 이야기했지만 더 이상 진전은 없었어. 나는 이 직관을 좀 더 파고들면 좋겠다는 생각이 들어서, 이 극한을 '겹겹이 들여다보는 방식'으로 살펴보자는 조금 과감한 접근을 제안했네.

$$\left[\lim_{\substack{t \to \pi/2 \\ n \to \infty}} \frac{\int_0^t \sin^n x \, dx}{\int_0^t \sin^{n+1} x \, dx}\right], \qquad 단,\ 0 < t < \frac{\pi}{2},$$
$$= \lim_{\substack{t \to \pi/2 \\ n \to \infty}} \frac{\sin^n t}{\sin^{n+1} t} = 1$$

이런 식으로 해본 적은 전혀 없었기에, 이것을 수학이라고 할 수 있나 싶기도 해. 우리가 애써 밀어붙이던 결과가 나왔다고 해서 안심이 되지도 않고. 다시 한번 더듬거리듯 작업하고 있는 나 자신을 발견하게 되고, 이런 시도를 전문 수학자에게 보여줬을 때 뭐라고 할지 궁금해지는군! X%@.

우리는 월리스의 $\int_0^{\pi/2} \sin^m x \, dx\,(m$이 짝수일 때$) = \frac{\pi}{2}\frac{(2m-1)!!}{(2m)!!}$ 에 대해서는 별 어려움 없이 이해했다네. 자네가 알려준 $\int_0^{2\pi} \cos^{2m} x \, dx$ 구하는 방법 덕분에, $\left(\frac{e^{ix}-e^{-ix}}{2i}\right)^m$에서 출발해 적분 항들이 싹 사라지는 걸 확인할 수 있었기 때문이지. 문득 자네가 푸리에 방형파와 톱니파에 대해 보내준 편지 내용이 떠오르는군. 거기서도 직교성 덕분에 적분들이 싹 사라졌지. 그런데 자네가 푸리에 계수를 구하던 방법을 어디에 두었는지 잊어버렸네. 기억하기로는, 내가 이해할 수 있도록 설명된 것이었는데 말이지. 애그뉴Agnew의 미적분 교과서를 들춰봤지만 설명이 너무 어렵더군. 예전에 값을 구해본 적이 있는 것 같은(하지만 그 방법을 잊어버린 것 같은) 기시감이 들었어.

우리는 $\int_0^{\pi/2} \sin^m x \, dx$ (m이 홀수일 때) $= \frac{(2m-1)!!}{(2m)!!}$ 때문에 엄청 헤맸다네. $m = 1, 3, 5, 7$을 대입해보면 패턴이 형성되는 것은 보이지만, 이 식에서는 0이 되지 않는 적분 항들이 많아서 모두 더해주어야 하지. 그런데 내겐 그 합을 계산할 시간도 없는지라, $\binom{n}{r}$ 꼴의 항들을 합하는 기법의 도움이 필요할 것 같아.

어찌되었건, 늘 하던 편미분과 곧이어 나오는 (당혹스러운) 다변수 함수의 연쇄법칙 같은 일상적인 수업 루틴에서 잠시나마 벗어나, 이제껏 한 번도 안 해본 걸 신나게 즐겼다네.

오늘은 $\int_0^{\pi/2} \sin x \, dx$를 먼 길을 돌아서 구해봤어. $\int_0^{\pi/2} \frac{e^{ix} - e^{-ix}}{2i} \, dx$부터 시작해, $\int e^{ix} dx = \frac{1}{i} \int e^{ix} i \, dx = -ie^{ix}$로 두고, 이들을 일반적인 실수 함수인 것처럼 $\int e^u du$를 적분하듯 항별로 적분해나갔지. 비록 멀리 돌아서 오긴 했어도 $\int_0^{\pi/2} \sin x \, dx = 1$이 나온다는 사실이 꽤 만족스러웠어. 침대 옆에 복소해석학 책을 두고 있긴 하지만, 이미 눈꺼풀이 내려오기 시작하는 밤 11시 반부터 읽어봐야 얼마나 보겠어. 대학 시절에 그 과목을 공부하지 않았던 게 지금에 와서 아쉽지만, 미적분도 대학에 들어가서야 처음 접했으니, 그때는 어쩔 수 없었겠지.

그런데 스티브, 웨스트 하트퍼드 통학생들 사이에서 자네가 약혼했다는 소문이 돌고 있네. 내 제자 조디 올런드Jordy Oland가 카프Karp네 가족과 잘 아는 사이라는데, 아마 거기서 이야기를 들은 게 분명해.

(소문이 사실이라면) 우리 모두 진심으로 축하하네.

나는 일요일에 롱아일랜드 해협에서 윈드서핑 보드를 타면서 바다에서 하루를 보냈네. 바람과 파도와 중력의 벡터가 합쳐지면서 만들어내는 항해의 기쁨을 몸소 느낄 수 있었지. 그리고 그걸 누구와도 나눌 필요가 없었다는 점도 좋았고. 멀리 수평선에 떠 있는 유조선 한 척을 제외하면, 나는 이 왕국의 유일한 주인이었네. 여름이 되면 모터보트와 제트스키, 온갖 다른 배들로 북적이게 될 그곳에서 말이야.

스티브, 모든 일이 잘되길 바라네. 봄방학 때는 쉬나? 혹시 이 근처에 오게 되면 꼭 들러주게.

마음을 담아,
조프

<div align="center">~~~~~~~~~~~~~~~~</div>

조프 선생님께,

1991년 2월 19일

오늘도 바쁜 하루라서 짧게 쓸게요. 다음 식에 관한 몇 가지 생각을 말씀드립니다.

$$\lim_{n \to \infty} \frac{\int_0^{\pi/2} \sin^n x \, dx}{\int_0^{\pi/2} \sin^{n+1} x \, dx}$$

위의 식과 관련된 적분 하나를 살펴보죠.

$$\int_{-\pi/2}^{\pi/2} \cos^n x \, dx$$

피적분함수 $\cos^n x$는 n이 큰 값일 때 아래 그림과 같은 모양이 됩니다. (여기서 사인 대신 코사인을 쓰는 이유는, 곧 보여줄 내용을 위해서는 $x=\frac{\pi}{2}$보다 $x=0$이 더 다루기 쉽기 때문입니다).

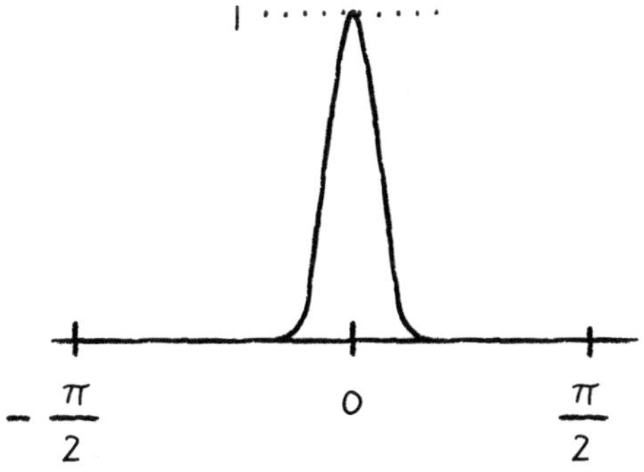

이 함수에서 적분값에 크게 영향을 미치는 부분은 $x=0$ 부근의 스파이크뿐입니다. 그러므로 그 스파이크를 더 단순한 어떤 것으로 근사할 수만 있다면 아주 좋을 겁니다.

이 경우처럼 뾰족하게 솟은 함수들을 다룰 때는 라플라스 Lapalce의 방법이 많이 쓰여요. $x=0$ 근처에서,

$$\cos x = 1 - \frac{x^2}{2} + \mathrm{O}(x^4)$$

입니다. 그런데

$$1 - \frac{x^2}{2} + O(x^4) = e^{-x^2/2}$$

가 성립하는데, 그 이유는 오차항이 $O(x^4)$이기 때문입니다. 다시 말해, x가 작은 값일 때는 사실상 $e^{-x^2/2}$과 $\cos x$의 값은 거의 같습니다.

이게 왜 유용할까요? 왜냐하면 n이 클 때는

$$(\cos x)^n \approx (e^{-x^2/2})^n = e^{-nx^2/2}$$

라고 근사할 수 있기 때문입니다! 다시 말해, $e^{-x^2 n/2}$은 그 스파이크의 아주 훌륭한 근삿값이라는 것입니다. x가 $|x| \lesssim O\left(\frac{1}{\sqrt{n}}\right)$의 범위 밖의 값인 경우에는 $e^{-x^2 n/2}$ 값은 어쨌든 아주 작아지므로, $n \to \infty$일 때 오차는 무시해도 될 정도로 작습니다. 더 단순하게 표현하자면, 학생들에게 n이 클 때 $(\cos x)^n$과 $e^{-nx^2/2}$의 그래프를 그려보라고 하세요. 두 함수의 값이 매우 비슷하다는 것을 알 수 있을 겁니다(아마도!). 이 근사는 $\left[-\frac{\pi}{2}, \frac{\pi}{2}\right]$ 범위에서는 아주 잘 맞을 겁니다. 물론 $x = 2\pi$일 때는 근사가 잘 안 되겠지만, 거기까지 갈 일은 없지요!

핵심은, n이 클 때는 $\int_{-\pi/2}^{\pi/2} \cos^n x \, dx$를 $\int_{-\pi/2}^{\pi/2} e^{-nx^2/2} dx$로 바꿔도 오차는 무시할 수 있을 정도라는 것입니다.

근데 이게 무슨 소용이냐고 물으시겠죠? 어차피 $\int_{-\pi/2}^{\pi/2} e^{-nx^2/2} dx$

적분도 못하기는 마찬가지니까요. 그러나 여기서 절묘한 수가 있습니다. 바로, 적분 범위를 $\int_{-\infty}^{\infty} e^{-nx^2/2}dx$로 확장하는 것입니다. 이렇게 하면 함수 $e^{-nx^2/2}$의 더 많은 부분을 포함하게 되지만, 그 바깥 부분은 극히 작으므로 사실상 아무 영향도 없거든요! 중요한 것은 오직 그 스파이크 근처 영역뿐입니다.

이제 극좌표계를 써서 $\int_{-\infty}^{\infty} e^{-nx^2/2}dx$를 정확히 구할 수 있습니다. $\int_{-\infty}^{\infty} e^{-nx^2/2}dx = \sqrt{2\pi}\,\frac{1}{\sqrt{n}}$ 이라는 건 어렵지 않게 확인하실 수 있을 겁니다.

정리하면 이렇습니다.

$$\int_{-\pi/2}^{\pi/2} (\cos x)^n \, dx \sim \int_{-\pi/2}^{\pi/2} e^{-nx^2/2} \, dx \sim \int_{-\infty}^{\infty} e^{-nx^2/2} \, dx$$
$$\approx \sqrt{2\pi}\,\frac{1}{\sqrt{n}}$$

인데, 왜냐하면 오로지 그 스파이크만이 중요하기 때문입니다. 이 과정의 반만 취하면 아래 그림과 같이 됩니다.

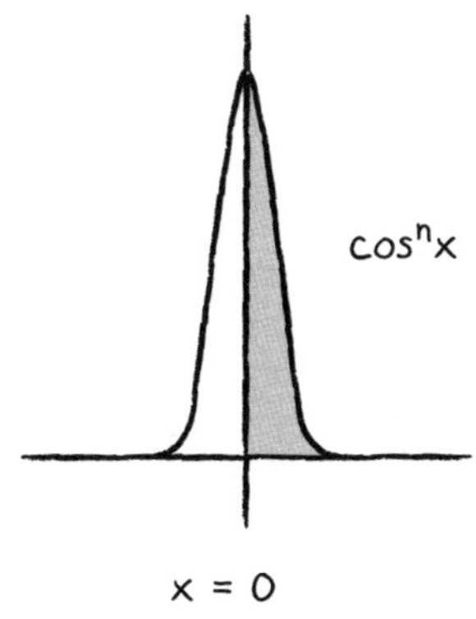

그림으로부터

$$\int_0^{\pi/2} \cos^n x \, dx \approx \frac{1}{2}\sqrt{2\pi}\,\frac{1}{\sqrt{n}}$$

$$\|$$

$$\int_0^{\pi/2} \sin^n x \, dx$$

라는 것을 알 수 있습니다.

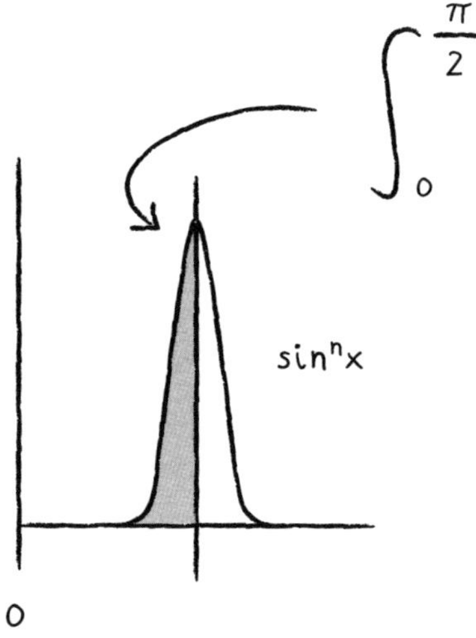

그러므로 n이 클 때

$$\int_0^{\pi/2} (\sin x)^n \, dx \approx \sqrt{\frac{\pi}{2}}\,\frac{1}{\sqrt{n}}$$

라고 하겠습니다. 컴퓨터를 이용해서 이게 얼마나 잘 맞는지 보죠.

	$\int_0^{\pi/2} \sin^n x\, dx$	$\sqrt{\frac{\pi}{2}}\frac{1}{\sqrt{n}}$
$n = 1$	1	1.25
2	.78	.89
3	.67	.72
4	.59	.63
$\vdots$		(n이 작은 것치고는 ↑ 꽤 비슷한 값)
99	.1256	.1260

맨 아래 행의 0.1256과 0.1260의 차이는 0.3퍼센트입니다. 그러니 대체로 거의 비슷하다고 볼 수 있겠죠. 이 표를 그래프로 그려 보시기 바랍니다.

어쨌든, 이제 다음의 관계는 명백해졌습니다.

$$\frac{\int \sin^n x\, dx}{\int \sin^{n+1} x\, dx} \approx \sqrt{\frac{n+1}{n}} \to 1 \qquad n \to \infty \text{일 때}$$

QED

요점을 더 간략하게 정리하면,

$$\sin^{n+1} x = \sin^n x \sin x$$

인데, 스파이크 구간에서는 $\sin x \approx 1$이므로

$$\sin^{n+1} x \approx \sin^n x$$

가 됩니다. 그러므로 두 적분의 비가 1이 되는 것도 충분히 자연스
럽습니다.

그럼 이만,
스티브

<center>~~~~~~~~~~~~~~~</center>

스티브에게

1991년 2월 25일, 월요일

자네 정말 대단하군! 오늘 자네가 보내준 수학 꾸러미를 받았
는데, 그 안에 스파이크라는 흥미로운 개념과 $(\cos x)^n \backsim (e^{-x^2/2})^n$
에 대한 흥미진진한 추론이 담겨 있더군. 또한 (거, 참, 여기가 정말
민망한 부분인데) 내가 잃어버린 1989년 3월 14일 자 편지, 그러니
까 푸리에 기법에 대한 설명이 담긴 노트도 함께 도착했어.

내 다변수 미적분 수업을 듣는 학생들이 자네 덕분에 둥지에
서 (다시 한 번!) 수학적 날개를 달고 새로운 비행을 즐기게 될 것
같네. 편지와 함께 "매릴린에게 물어보세요" 코너가 실린 《퍼레이
드》지를 한 부 동봉하니, 혹시 아직 안 본 것이면 한 번 살펴보기
바라네. 이 직관과는 배치되는 몬티 홀 문제는 좀처럼 사라지지
않는군. 자네가 혹시 세스 칼슨Seth Kalson을 알지 모르겠네. 아마도

그 논쟁을 사실상 끝낸 결정적인 해설 편지를 매릴린에게 보낸 사람이야.

　우리 식구들은 크리스마스 이후로 한 가지 문제로 줄곧 마음을 졸이고 있다네. 막내아들 제프(24)가 암 수술을 받은 뒤 3차 항암 치료를 막 마쳤거든. 오늘 드디어 혈액 "지표"가 정상으로 돌아왔다는 고무적인 소식을 들었어. 오늘 퇴원하는데 4차 항암 치료까지는 하지 않게 되길 바라고 있네. 마침 오늘 크로커스 꽃이 피었으니, 어쩌면 좋은 일이 찾아올지도 모르겠군.

　요즘 시험 때문에 정말 정신이 없지만 겨울학기가 금요일이면 끝나. 그때부터 다시 에너지를 충전하고 그간 잊어먹었던 푸리에 계수 기법을 다시 들여다볼 생각을 하면 기분이 좋아지네. 적분을 이용해서 필요 없는 계수를 모두 제거하는 방법을 시도해봤는데, 뭔가 잘 되지 않더군. 일부러 자네가 보내준 설명을 아직 읽지 않고 있는데, 다만 막판에라도 뉴런이 좀 자극을 받길 바라는 마음에서야(물론 이 문제를 풀게 해줄 뉴런들은 이미 다 죽어버렸을 가능성이 크지만! X%@!).

잘 지내길,
조프

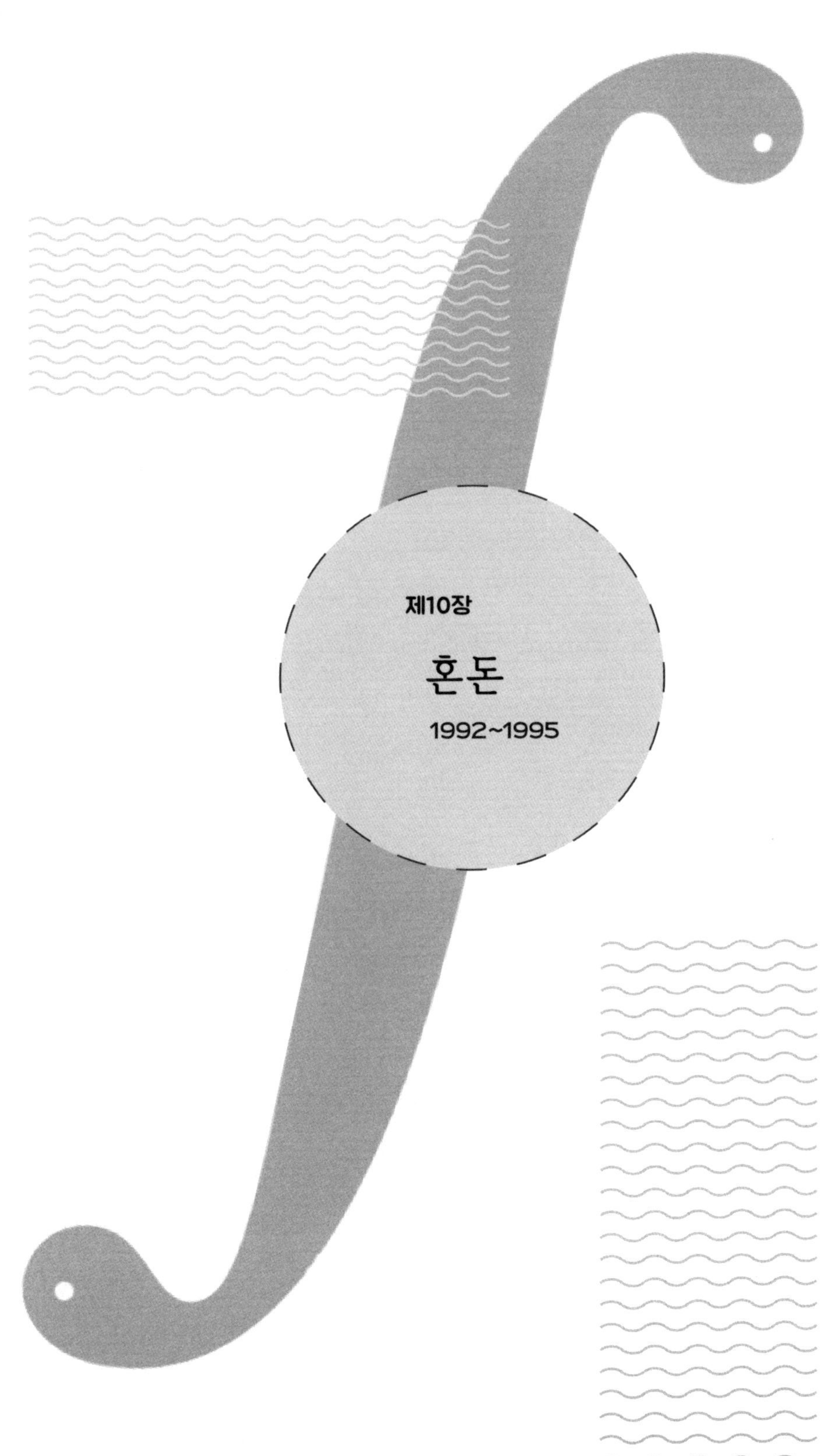
제10장

혼돈

1992~1995

동적 시스템dynamic system이란 정해진 법칙에 의해서 순간순간 변화하는 모든 것을 가리킨다. 예를 들어 앞뒤로 흔들리는 진자는 뉴턴의 운동 법칙과 중력의 지배를 받는다. 물리학자들은 이런 법칙과 미적분 기법을 이용해서 매 순간 변화들을 모두 합산함으로써 임의의 시점에서 진자가 어디에 있을지, 어떤 속도로 움직일지를 알아낼 수 있다. 태양 주위를 도는 행성이나 달을 향해 날아가는 로켓의 움직임도 마찬가지다. 다양한 분야의 과학자들이 동적 시스템의 적용 범위를 확장해서 인터넷 트래픽의 흐름, 야생 생물의 개체 수 변화, 인간 심장의 박동 등을 설명하기도 한다.

그동안에는 이와 관련하여 암묵적인 가정이 깔려 있었다. 즉, 동적 시스템은 시시각각으로 예측할 수 있으며, 이는 적어도 이론적으로는 이런 예측을 영원히 계속할 수 있다는 것이다. 하지만 이제 우리는 그러한 가정이 사실이 아님을 안다.

어떤 동적 시스템들은 예측가능하지 않고 혼돈적chaotic일 수 있다. 여기서 혼돈이라는 말은 완전한 무질서를 뜻하는 것이 아니다. 분명히 어떤 법칙에 따라 시스템이 움직이지만, 장기적으로 어떤 상태로 나아갈지를 예측할 수는 없다는 뜻이다. 왜 그럴까? 그건 혼돈계chaotic system가 외부의 작은 변화에 대해 엄청나게 예민하기 때문이다. 통제되지 않은 아주 작은 교란('나비효과'로 잘 알려져 있다)도 너무나 빠르게 증폭되어 시스템에 영향을 미치므로, 그런 교란이 없었을 때와는 전혀 다른 운동을 하게 되는 것이다. 어떤 예측 시도에서든 오차가 마치 눈덩이가 불어나듯 지수적으로 증가해 예측 자체가 무의미해진다. 이를 해결할 방법은 없다. 더 나은 측정 장비가 필요하다거나, 더 신중해지면 된다거나, 더 좋은 수학적 방법이 나오기를 기다리면 된다거나 하는 문제가 아니다. 혼돈은 현실의 일부이고 피할 수 없다.

이 사실은 따귀를 때리는 것과도 같다. 과학자들 역시 다른 사람들처럼 인간관계나 전쟁, 역사 같은 복잡한 것들은 예측 불가능하다는 것을 늘 알고 있었다. 하지만 적어도 진자 운동만큼은 예측이 가능한 것으로 믿고 위안을 받았다. 그런데 이제 혼돈은 그것마저도 앗아간 것이다.

∫ ∫ ∫

MIT 수학과의 응용수학 연구팀에서 나를 혼돈 이론 전문가로 채용했다. 곧바로 이 주제에 관한 교과서를 집필하기 시작했고, 덕분에 현실에서 피신할 수 있는 안식처가 생긴 셈이었다. 엘리자베스와는 불안을 느끼면서도 애써 무시한 채로 1991년 6월에 결혼했다. 결혼 후 얼마 동안은 관계가 좋아지는 듯했으나 머지않아 차분한 친구 관계와 다름없는 상태가 되었다. 못 견딜 정도는 아니었지만 서로가 기대했던 결혼 생활에 비하면 너무나 활기가 없었다. 전문적인 상담을 통해 둘 사이의 관계에 대해 분석적으로 대화를 나누는 것은 내게 주간 하이라이트와 같았지만, 엘리자베스는 지루함을 호소할 뿐이었다. 그녀는 이제 자신의 삶을 살아갈 준비가 되어 있었다. 그녀가 온라인에서 찾아낸 몇 장의 법적 서류를 작성한 뒤 판사 앞에 함께 섰고, 결국 그렇게 되었다.

직장의 분주함과 가정의 해체가 겹치면서, 나는 조프 선생님과 편지를 주고받을 시간을 좀처럼 내기 어려웠다. 선생님은 1991년 가을부터 1995년 봄까지 일곱 통의 편지를 보내왔지만 내가 보낸 답장은 두 통이었다. 내 답장 편지들은 물론 내가 남긴 노트 어디에도, 그의 아들 제프의 암 투병에 관해 내가 한 번이라도 물어본 흔적은 없다. 이제와 돌아보니 나의 자기중심성이 스스로도 놀라울 정도다.

10년 전에 나는 선생님에게 '선형적인 삶'에 대한 꿈을 적어 보낸 적이 있었다. 언젠가 결혼을 하고 교수가 되어 이후로 행복하게 살겠다는 그런 내용이었다. 첫 부분은 이미 실패한 상태였다. 그래도 적어도 직장은 있었다. 나는 MIT를 사랑했고, 계속 그곳에서 경력을 쌓고 싶었다. 문제는 정교수가 되어 정년을 보장받을 수 있을지 여부였다. 꽤 한참 동안 MIT에서는 응용수학 분야에서 누구도 종신 재직권을 받지 못했다. 마지막으로 그걸 보장받은 사람은 나이 많은 동료들에게 놀림을 받았다. "자네, 운 좋군. 그걸 받을 만한 자격은 없는 것 같은데." 새로 부임하는 젊은 교수들은 혹시 자신이 다음번 정년 보장자가 될지도 모른다는 환상을 품었지만, 다들 몇 년 뒤에는 짐을 싸야 했다. 교수들은 어떤 것이 앞에 놓여 있는지 다들 알고 있었고, 누구라도 흥이 날 상황은 전혀 아니었다.

나보다 몇 살 위인 수치해석 전문가 닉 트레퍼선Nick Trefethen은 자신에게 기회가 있을지도 모른다고 믿고 있었다. 봐, 가능하다니까, 우리 모두 생각했다. 미래를 낙관한 그는 부모가 사는 렉싱턴 근처에 집까지 구입한 뒤 아내와 아이들을 데리고 새 집으로 이사했다. 그런데 그 후 학교로부터 정년 보장이 어렵다는 통보가 왔다. (지금 그는 옥스퍼드대학 교수이자 왕립학회 회원이다.)

내 차례가 되었을 때, 학과에서는 나를 '종신재직권 없는 부교수'(경력 사다리의 다음 단계)로 승진시키는 안을 올렸다. 그리고 몇 주 뒤, 나는 아무 로고도 없는 평범한 흰 종이로 된 편지를 받았다. 봉투 역시 평범한 흰 봉투였고 "기밀"이라고 표시되어 있었다. 편지는 두 단락뿐이었다. 첫 번째 부분은 내가 승진했음을 알리는 내용이었다. 두 번째 부분은 이렇게 쓰여 있었다.

현재 귀하의 연구는 수학적으로 충분히 심오하지 않으며, 그 결과 귀하가 MIT에서 정년을 보장받을 가능성은 낮습니다. 물론 향후의 연구 성과에 따라 이 평가는 바뀔 수 있습니다. 그러나 지금까지 귀하의 연구 성과에 근거하여 판단할 때, 현 시점에서 귀하의 종신재직권 전망은 긍정적이지 않음을 알려드립니다.

이런 상황에 처한 나는 MIT의 마음을 바꿀 수 있을지도 모른다는 기대를 품고 다른 명문 학교들에 지원서를 제출했다. 혼돈 이론 분야에서 미국 최고라고 여겨지던 코넬대학이 통상적인 시점보다 2년 앞서 심사를 확정하고 내게 정년 보장을 제안해왔다. 그제야 MIT가 다시 관심을 보이기 시작했다. 비공식적이긴 하지만 나의 연구 성과에 대한 평가를 재차 실시한 것이다. 학교 측은 내게 코넬대학으로 자리를 옮기는 것을 진지하게 고려해보라고 조언하면서도, 내가 남아주길 바란다며 두 해 안에 "홈런을 쳐서"(그들이 늘 쓰는 표현이었다) 정년을 보장받으라고 격려했다.

고민이 되었다. 가장 두려웠던 건, 그곳으로 이사갔을 때 과연 결혼할 사람을 만날 수 있을까 하는 점이었다. 코넬대학이 있는 이타카에서 젊은 교수들의 사교적 전망은 암담해 보이기만 했다.

형 이언에게 전화를 걸었다. 형은 "스티브, 전혀 어려운 선택이 아니야"라고 말했다. "코넬은 좋은 학교이고 너한테 엄청나게 좋은 제안을 한 거잖아. 걱정할 거 없어. 이타카에도 여자는 많다고. 괜찮을 거야."

조프 선생님에게 다시 편지를 보내기 시작한 1995년 봄, 나는 코넬에 온 지 이미 1년이 된 상태였다. 이혼 이야기나 MIT에서 있었던 일에 대해서는 아무런 언급도 하지 않았다. 편지는 그저 무한곱에 대한 내용으로 곧바로 시작된다. 하지만 봉투를 봉하기 직전에, 왜 내가 이제 코넬에서 편지를 보내는지 선생님이 의아해할 것 같다는 생각이 들었다. 그래서 말미에 간략하게 설명을 덧붙였다.

조프 선생님께,

1995년 3월 21일

편지를 다시 주고받을 때가 된 것 같네요(사실 너무 오래 지났죠). 좋아하실 것 같은 무한곱 공식 하나를 적어 보냅니다. 이것은 삼각함수의 등식

$$\sin 2x = 2 \cos x \sin x$$

그리고 $x \to 0$일 때의 극한 공식 $\dfrac{\sin x}{x} \to 1$을 멋지게 응용한 것입니다.

일단 '반각half-angle 공식'부터 시작해보죠.

$$\boxed{\sin x = 2 \sin \frac{x}{2} \cos \frac{x}{2}}$$

(앞의 등식에서 x를 $\dfrac{x}{2}$로 바꾸면 이 식이 얻어집니다.) 좀더 욕심을 부려서, 이 식의 왼쪽을 $\sin \dfrac{x}{2}$에 맞추어 식을 다시 정리해볼게요. 그러면 같은 논리로 다음 관계가 성립하겠죠.

$$\boxed{\sin \frac{x}{2} = 2 \sin \frac{x}{4} \cos \frac{x}{4}}$$

그러므로 이 등식을 첫 번째 박스 식에 대입하면,

$$\sin x = 2 \sin \frac{x}{2} \cos \frac{x}{2}$$
$$= 2 \left(2 \sin \frac{x}{4} \cos \frac{x}{4} \right) \cos \frac{x}{2} = \left(4 \sin \frac{x}{4} \right) \left(\cos \frac{x}{2} \cos \frac{x}{4} \right)$$

이 됩니다. 이 과정을 $\sin \frac{x}{4} = 2 \sin \frac{x}{8} \cos \frac{x}{8}$의 관계를 이용해서 반복하면

$$\boxed{\sin x = 8 \sin \frac{x}{8} \left(\cos \frac{x}{2} \cos \frac{x}{4} \cos \frac{x}{8} \right)}$$

입니다. 이 과정을 반복하는 데 푹 빠져버렸네요! 계속하면 아래 등식이 얻어집니다.

$$\sin \left[\frac{x}{2^{n-1}} \right] = 2 \sin \frac{x}{2^n} \cos \frac{x}{2^n}$$

어떤 패턴인지 보이실 겁니다. 결과적으로 아래의 공식으로 일반화할 수 있습니다.

$$\boxed{\sin x = 2^n \sin \left(\frac{x}{2^n} \right) \prod_{k=1}^{n} \cos \left(\frac{x}{2^k} \right)}$$

(여기서 $\prod$는 곱을 나타내는 기호입니다. $\sum$가 합을 나타내는 것처럼요.) 이제 $n \to \infty$이면 어떻게 될까요? x가 고정되어 있을 때 $\sin \frac{x}{2^n}$의 $\frac{x}{2^n}$부분이 0으로 가는 것은 쉽게 보입니다. 그러므로 위의 등식의 양변을 x로 나누면

$$\frac{\sin x}{x} = \underbrace{\frac{2^n}{x}\sin\left(\frac{x}{2^n}\right)}\prod_{k=1}^{n}\cos\left(\frac{x}{2^k}\right)$$

이 얻어집니다. 우측 앞부분의 아래 괄호로 묶인 부분은 $\frac{\sin u}{u}$ 형태이고, 여기서 $u=\frac{x}{2^n}$ 입니다. $n\to\infty$ 일 때 $u\to 0$ 이고 $\frac{\sin u}{u}\to 1$ 입니다. 그러므로

$$\boxed{\frac{\sin x}{x} = \prod_{k=1}^{\infty}\cos\left(\frac{x}{2^k}\right)}$$

가 됩니다(그리고 유도 과정에서 알 수 있듯이 이 등식은 모든 x에 대해 성립합니다). 이게 바로 우리가 원하는 무한곱입니다!

재미삼아 좀 더 살펴볼게요. $x=\frac{\pi}{2}$ 일 때,

$$\frac{\sin\frac{\pi}{2}}{\frac{\pi}{2}} = \boxed{\frac{2}{\pi} = \prod_{k=1}^{\infty}\cos\left(\frac{\pi}{2^{k+1}}\right)}$$

입니다. 이 코사인을 풀어줄 공식을 구해보겠습니다.

우선 $\cos\frac{\pi}{4} = \frac{\sqrt{2}}{2}$ 임을 기억하세요. 이제 $\cos\frac{\pi}{8}$ 를 구합니다.

$$2\cos^2\frac{\pi}{8} - 1 = \cos\frac{\pi}{4}, \ 그러므로 \ \cos\frac{\pi}{8} = \sqrt{\frac{1+\cos\frac{\pi}{4}}{2}}$$

$$= \sqrt{\frac{1+\frac{\sqrt{2}}{2}}{2}} = \frac{\sqrt{2+\sqrt{2}}}{2}$$

입니다. 패턴을 잘 보시면,

$$\cos\frac{\pi}{4} = \frac{\sqrt{2}}{2}$$

$$\cos\frac{\pi}{8} = \frac{\sqrt{2+\sqrt{2}}}{2}$$

의 형태입니다. 같은 방식으로 $\cos\frac{\pi}{16} = \sqrt{\frac{1+\cos\frac{\pi}{8}}{2}}$ 를 이용하면 $\cos\frac{\pi}{16}$ $= \sqrt{2+\sqrt{2+\sqrt{2}}}/2$ 라는 걸 알 수 있습니다. 이 결과는 π(사실은 $\frac{1}{\pi}$) 를 오로지 2와 제곱근만을 이용해서 표현하는 공식을 얻을 수 있 다는 것을 보여줍니다! 최종적으로 얻어지는 공식은 아래와 같습 니다.

$$\frac{2}{\pi} = \cos\frac{\pi}{4}\cos\frac{\pi}{8}\cos\frac{\pi}{16}\cdots$$

$$= \frac{\sqrt{2}}{2} \cdot \frac{\sqrt{2+\sqrt{2}}}{2} \cdot \frac{\sqrt{2+\sqrt{2+\sqrt{2}}}}{2}\cdots$$

오늘은 여기까지 하죠.

모두 잘 지내시고 있길 바랍니다. 코넬에서의 생활은 만족스러 워요. (잠깐! 제가 이곳으로 오게 되었다는 이야기를 했던가요? 코넬 대학에서 2년 일찍 정년을 보장해주겠다는 거절하기 힘든 제안을 했거 든요!) 12년 동안 보스턴·케임브리지 지역에서 이어진 다소 분주 했던 삶에서 조금씩 벗어나 점차 적응해가는 중입니다. 이타카도 나름의 매력이 있어요. 그리고 이곳 동료들, 학생들과 함께하는 것 도 즐겁고요.

선생님도 잘 지내고 계시길 바랍니다. 별일 없으시죠?

따뜻한 마음을 담아,
스티브

TAM 학과, 킴볼 홀
코넬대학교
이타카, NY 14853
607-255-5999 (w)
607-257-5911 (h)

추신: TAM은 'Theoretical and Applied Mechanics'(이론 및 응용 역학)의 약자이고, 코넬대학에서 응용수학을 가리키는 명칭입니다.

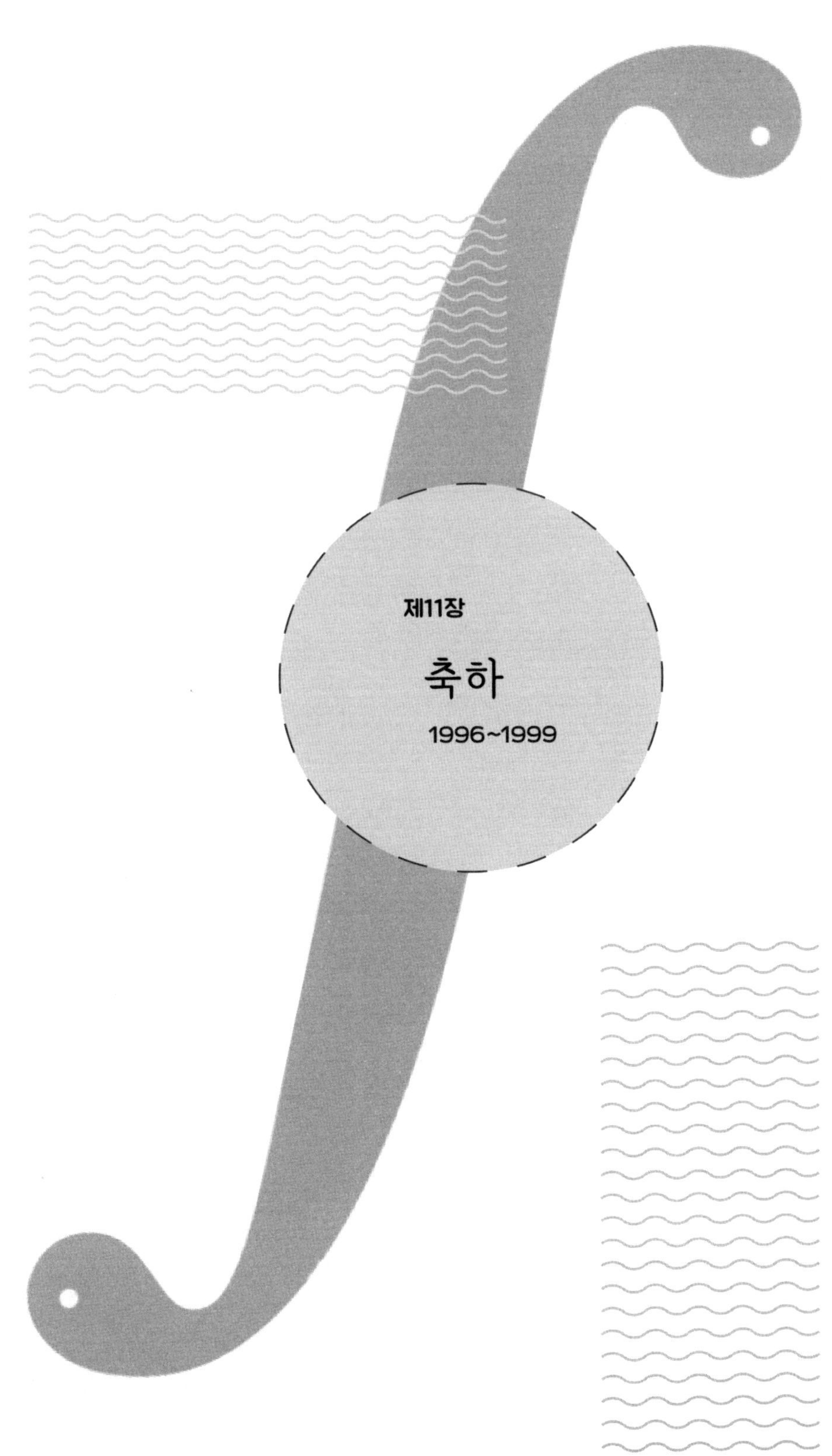
제11장

축하

1996~1999

1999년 4월 22일, 나는 조프 선생님이 주인공인 특별한 행사에 헌사를 해달라는 초청을 받았다. 행사명은 "가르침에 감사하는 저녁"이었고, 턱시도를 갖춰 입는 공식 행사로 뉴욕의 세인트존 교회 Church of Saint John the Divine에서 열렸다. 숨 막히도록 멋진 공간에서 조프 선생님에게 감사와 축하의 마음을 전하러 100명이 넘는 동문과 교사진, 학부모, 친구 등이 모였다.

선생님에게는 분명 희비가 교차하는 행사였을 것이다. 그는 매년 봄마다 또 한 해를 더 계속할지 결정해야 했고, 지금까지는 늘 답이 '그렇다'였다. 한 번은 편지에 이렇게 쓰신 적도 있었다. "교실에 들어설 때마다 여전히 아드레날린이 따뜻하게 솟구치는 느낌이야. 그걸 마다할 사람이 누가 있겠어?"

하지만 이젠 49년이나 근무했으니(학교 최장 기록이다) 마무리할 때가 온 것이다.

행사에 캐럴과 함께 갈 수 있어서 다행이었다. 우리가 만난 것은 1997년이었는데, 보자마자 사랑에 빠졌고 1998년에 결혼했다. 그리고 이제 우리는 여기, 조프 선생님과 그의 아내 수Sue와 함께 주빈 테이블에 나란히 앉아 근사한 식사를 즐기며 웃음을 터뜨리고 있었다. 누가 봐도 선생님은 조금 들떠 있었고 어쩌면 살짝 쑥스러워하는 것 같았지만, 막상 연단에 올랐을 때 행사 단골 레퍼토리를 부르는 데는 아무런 문제가 없었다.

나는 아주 편안한 기분은 아니었다. 예전에 학교 식당에서 열렸던 행사의 기억이 밀려왔다. 당시 나는 감정이 북받쳐 축사를 제대로 마무리하지 못했다. 그때는 제대로 준비를 하지 못했었다. 이번에는 방법을 좀 바꿨다. 지난번처럼 즉흥적으로 말하지 않고 미리 여러 제자들에게 선생님과 관련된 일화를 알려달라고 부탁한 다음 원고를 준비했다. 즉흥성을 조금 잃게 되더라도 침착함을 얻게 되기를 바랐다.

결과는 좋았다. 며칠 후 편지에서 선생님은 "내 잔이 넘치나이다…* 앞으로도 내게 최고의 순간일 걸세"라고 썼다.

행사에서 선생님의 답사는 넘쳐흐를 정도였다. 단지 감사의 표현만이 아니라 온갖 이야기들로 가득 차 있었다. 육상부에서 지도하고 있는 투포환 선수들 이야기, 선생님이 연주한 재즈 공연 이야기 등이었다. 한편으로 선생님은, 대수롭지 않게 넘기려 하면서도, 곧 다가올 은퇴라는 세계로 내려가는 것에 대한 불안감도 솔직하게 토로했다.

* 성경 시편 23편의 유명한 고어체 구절.

수학과에서 며칠 전에 제 이름을 졸업반 수학상에 올려놓은 것을 보고 굉장히 놀랐습니다. 이런 과분한 행운이 계속되니 오히려 마음이 불안해지는군요. 제가 웨슬리언대학에 있을 때 실러의 담시 〈폴리크라테스의 반지The Ring of Polykrates〉를 읽은 적이 있습니다. 폴리크라테스 왕에게는 날마다 좋은 소식이 끊이지 않았습니다… 전투의 승전보, 새로 얻은 영토… 그를 섬기는 현자가 이 모든 행운을 지켜보다가, 왕에게 가장 아끼는 보물을 버리라고 조언했습니다. 왕은 그의 말에 따라 반지를 바다에 던져버리죠. 현자는 안도하는 듯 보였습니다. 그런데 다음 날, 왕의 저녁 식탁에 오른 생선의 배를 가르자 놀랍게도 전날 버린 반지가 나왔습니다. 얼굴이 창백해진 현자는 왕의 곁을 떠나서 다시는 돌아오지 않았습니다. 저 역시 신들이 저를 그리 달갑지 않은 어떤 사건으로 이끌고 있는 것만 같은 기분이 드는군요. 하지만 그렇다고 해서 제가 가장 아끼는 것을 바다에 던져버릴 정도로 미신을 믿지는 않습니다. 더구나 제 아내 수는 수온이 겨우 10도일 때 롱아일랜드 해협에서 수영하는 걸 좋아하지도 않죠.

제12장

가장 빠른
내리막

2000~2003

다시 편지가 오가기 시작한 후 처음으로 선생님이 보낸 편지의 첫 구절은 "수학 교사 일을 그만두기가 쉽지 않았어"였다.

그 이후로 몇 년 동안 선생님은 내 답장을 기다리지도 않고, 연달아 편지를 퍼붓듯이 보내왔다. 내가 그에게서 배우던 학생 시절에 그랬던 것처럼, 선생님 스스로 수학 문제를 만들고 그 풀이를 적어 보내곤 했다. 자연과 휴가 여행에 대한 이야기, 나는 전혀 모르는 새로운 친구들에 대해서도 써보냈다.

나는 첫째 딸이 태어나서 너무 바빴던 나머지, 대부분의 경우 침묵했고 답장을 보내지 못했다. 그리고 또 아이가 태어났다. 잠을 푹 잘 수가 없었다. 캐럴을 도와야 했고, 책을 쓰고 있었고, 학교에선 잡무가 기다리고 있었다. 정신이 없었다.

아마 내가 어떤 상황인지 선생님도 짐작했을 것이다. 그는 언젠가부터 편지 곳곳에 사과의 말을 덧붙이기 시작했다. 한번은, 새가 지표면에서 볼 수 있는 구면 면적spherical area이 고도에 따라 어떻게 달라지는지 나타내는 수식을 유도한 뒤에 선생님은 이렇게 적었다.

음, 스티브, 이 문제들로 자네에게 부담을 준 건 아니었기를 바라네. 난 지금까지 우리가 주고받은 편지를 아주 소중하게 여겨서, 그것들을 놓아버리고 싶지 않아. 내가 요즘에 하는 일이라곤 롱아일랜드 해협에서 카약이나 타며 노는 것뿐이라고 자네가 생각하지 않길 바라는 마음이야.

또 다른 편지에서 그는 코흐 눈송이 곡선을 일반화하는 사면체 프랙탈 표면을 만들어보려 한 뒤 이렇게 말했다.

자네라면 이걸 쉽게 이해하리라는 것쯤은 잘 아네. 내 추론을 알려주는 건 순전히 계산이 제대로 된 것인지 자네가 한번 살펴봐주길 바라는 마음에서야. 내가 '그것'을 노망이나 알츠하이머병으로 잃게 될까 봐 일흔두 살답게 걱정하고 있다는 게 느껴지나?

참기 힘든 죄책감이 몰려왔다. 내가 보낸 답장은 성의가 없었고, 그 때문에 오히려 내 기분만 더 나빠졌다.

제대로 된 답장을 드리고 싶은데 리아 Leah를 돌보느라 잠도 부족한 데다 학교에선 잡무도 너무 많아서 변명만 늘어놓게 되네요. 최근에 베이즈의 공식에 대해 수업시간에 강의한 노트 복사본을 함께 보내드립니다.

〰〰〰

하지만 편지는 계속 왔다. 선생님은 내가 편하게 생각하길 원하면서도 편지 쓰기는 멈추지 않았다. 그는 어떤 편지에선 말미에 이렇게 썼다. "이걸로 충분해! 절대 답장해야 한다는 부담은 느끼지 말게. 그저 자네에게 편지를 쓰는 이 순간이 내겐 매우 특별한 순간이라는 것만 알아주면 돼."

∫ ∫ ∫

다음 편지에는 조프 선생님이 지난 시절을 얼마나 그리워하는지가 잘 드러나 있다. 그는 어느 성격 좋은 웨이트리스를 붙잡아 세워놓고 고전적인 변분법calculus of variations 문제인 '최단 하강 경로'에 대해 가르쳐준 일화를 들려준다.

문제는 이렇다. 수직 평면에 두 점 A와 B가 있고, A에서 B로 가장 빠른 시간에 도달하는 경로를 찾고 싶다고 해보자. 그러니까, 마찰이 없는 입자가 A에서 B로 가장 짧은 시간 안에 미끄러져 내려오도록 설계하는 것이다.

보통은 두 점을 직선으로 연결하는 게 정답이라고 생각하기 쉽다.

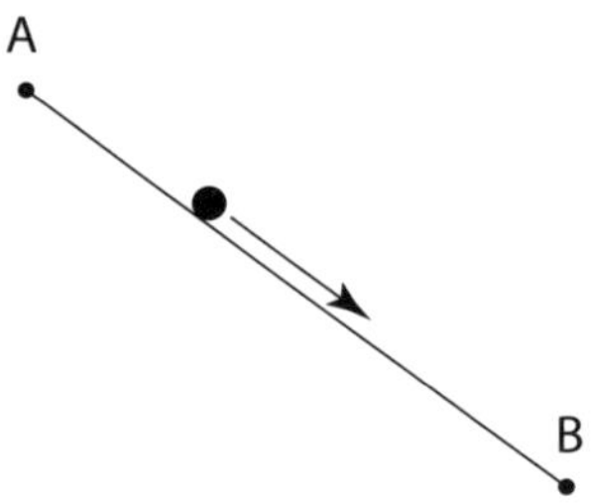

그게 두 점을 최단거리로 연결하는 선이니까. 하지만 처음에 경사를 가파르게 만들어서 낙하 속도를 올리면, 이동 거리가 조금 늘어나더라도 도달 시간은 단축될지도 모를 일이다.

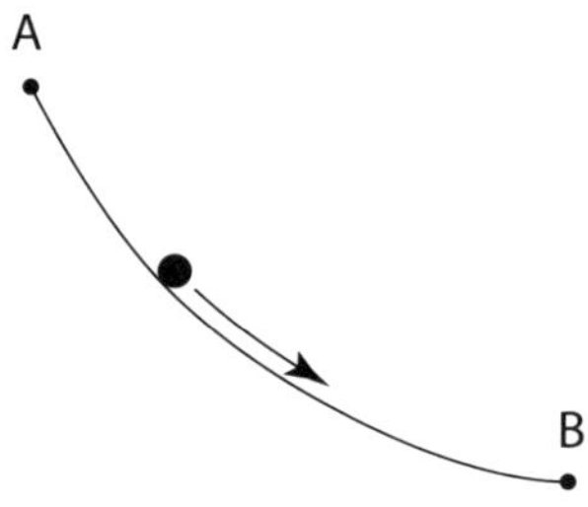

그렇다면 이 경우에 대체 곡선의 모습은 어떤 것이라야 할까?

정답은, 뒤집힌 사이클로이드cycloid의 일부인 호arc다. 아마 독자들도 한 번쯤은 본 적이 있을 것 같은데, 자전거 바퀴에 작은 전구를 달고 어둠 속에서 달릴 때, 이 전구가 보여주는 궤적이 바로 사이클로이드다.

사이클로이드에는 흥미로운 점이 또 있다. 이것은 '최단 시간 경로brachistochrone'일 뿐만 아니라, '등시간 경로tautochrone'이기도 하다. 다시 말해 사이클로이드 곡선을 뒤집어놓은 뒤, 곡선 위의 어느 곳에 점 입자를 놓아도 맨 아래 위치에 도달하는 데 걸리는 시간은 똑같다는 이야기다. 더 높은 곳에서 출발시키면 더 먼 거리를 미끄러져 내려와야 하지만, 추가 거리를 정확히 상쇄할 만큼 더 빠르게 움직이게 된다. 두 입자가 서로 다른 위치에서 출발하는 경주라고 생각해보자. 결과는 언제나 '무승부'로 같다. 두 입자는 곡선의 맨 아래 점에 정확히 동시에 도착한다.

스티브에게,

2002년 1월 7일. 월요일, 흐림

어제 집사람과 웨스트힐 연못에 있는 우리 집을 살펴보러 갔었네. 1월인데도 눈이 전혀 없었고, 연못 80퍼센트가 얼지 않은 상태더군…. 북쪽 끝에만 살짝 얼음이 낀 정도였어. 수는 카누를 타지 않겠다고 했어! 만약 카누를 탔다면 우리 둘이 처음 해보는 일이 될 수도 있었고, 연못 전체를 우리끼리만 누릴 수 있었을 텐데 말이지.

장작과 불쏘시개를 가져다놓은 뒤, 며느리 젠Jen의 생일을 축하하러 맨체스터에 있는 마카로니 그릴 식당으로 자리를 옮겼어. 내가 좋아하는 식당인데, 테이블에 종이 식탁보를 깔아 두고 웨이트리스가 크레용으로 서명을 해주기 때문이지*(손님들을 놀래켜주려고 서명을 거꾸로 쓰는 연습을 한다더군).

그날 크레용 하나를 달라고 해서 키안티 한 잔을 마신 힘으로 등시간 경로를 보여주는 적분식을 유도해보기로 했어. 어이쿠, 은퇴하고 3년 넘게 지났는데도 미적분을 아직 기억하고 있는지 시험해보게 된 것은 다 자네 덕이야! 식탁보를 가득 채워가는 수식들을 보고 웨이트리스가 꽤나 흥미로워했어. 그래서 '최단 시간 경로' 문제의 간략한 역사를 설명해줬지. 그녀는 아마 자신도 직선을 정답으로 생각했을 거라고 이야기하더군. 나는 그녀에게 혹시 스키를 타느냐고 물어봤고, 그렇다고 하길래 이렇게 상상해보라고 했어. 산 위에 서 있는데 막 리프트에서 내려 직선 경사로 슬로프를 따라 내려가기 시작하는 멋진 남자가 눈에 띄었다고 말이야.

* 레스토랑 서버의 서명은 자신이 그 테이블을 맡았다는 친근함의 표시이다.

이때 그녀가 뒤집힌 사이클로이드 형태의 곡선을 따라 활강을 시작한다면 그 남자보다 슬로프 아래에 먼저 도착할 것이고… 아마도 돌아오는 길에 같은 리프트에 둘이 나란히 탈 수 있을 거라고 이야기해줬지.

밝은 대낮에 다시 보니 내가 크레용으로 쓴 수식에 잘못된 곳이 몇 군데 있더군. 어딘가에서 적분 기호 바깥쪽에 놓여 있어야 할 상수 $\sqrt{a/g}$를 빼먹었어. 아, 그리고 그녀에게 적분 영역을 $\int_{\theta_0}^{\pi}$로 한 경우에 θ_0가 계산 과정에서 상쇄되어 사라지는 짜릿함을 설명했더니 가만히 웃더라고.

자네와 캐럴, 리아 모두에게
행복한 2002년이 되길,
조프

~~~~~~~~~~

조프 선생님의 창작 활동은 늘 그렇듯 주변 세계에서 영감을 얻었다. 그는 편지에 동물과 식물, 사람들을 그린 채색 스케치를 덧붙이기 시작했다. 자신이 관찰했던 새들, 또는 직접 지은 보트 보관용 창고를 소재로 수학 문제를 만들어냈고, 그다음 편지에서는 라디오 프로그램 〈카 토크Car Talk〉에 한 청취자가 던진 질문에서 힌트를 얻어, 원통형 탱크에 용량 눈금을 어떻게 표시할 것인지에 관한 문제를 꾸며내기도 했다.
~~~~~~~~~~

스티브에게,

2002/12/14

자동차 정비공 출신 형제 둘이서 진행하는 라디오 프로그램 알지?('고속도로 아래를 지나가는 전선 열다섯 가닥에 라벨을 붙이는 문제'를 냈던 그 방송 말이야.) 한 친구가 거기서 들은 이야기를 내게 해주더군. 어떤 청취자가 전화해서 원통형 탱크의 용량 눈금을 어떻게 표시해야 하느냐고 물었대. 그러자 진행자들이 "그건 미적분 문제군요"라고 말했다더군.

나는 미적분을 이용하지 않는 방법을 찾아보다가, 계산기(그래프 기능도, 고급 계산 기능도 없는)를 이용해서 간단하게 구할 수 있는 방법이 떠올랐어. 예전에 가르쳤던 주제들로 다시 돌아가는 이 작은 탐험은 꽤 즐거운 경험이었네. 내가 생각한 방법을 알려줄 테니 재미삼아 살펴보게나.

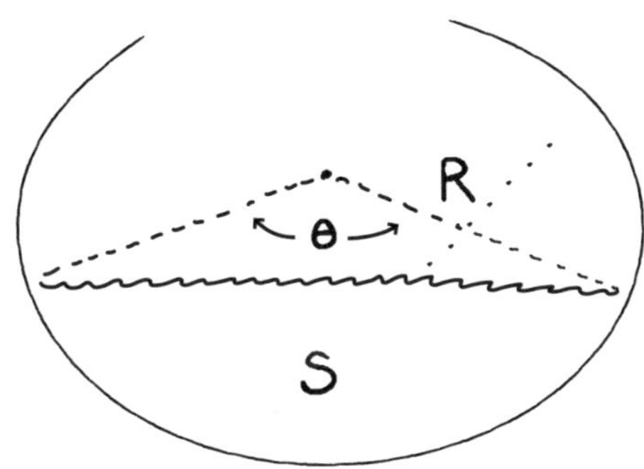

S의 면적은 $\frac{R^2}{2}(\theta - sin\theta)$야... 라디안*을 이용해서 이렇게 깔끔하게 표현되는 수식이 아주 마음에 드는군.

탱크가 $\frac{1}{4}$만큼 차 있을 때, $S = \frac{\pi R^2}{4}$ 이므로 $\theta - \sin\theta = \frac{\pi}{2}$, 또는 아래와 같이 쓸 수 있어.

$$\theta - \frac{\pi}{2} = \sin\theta,$$
$$\theta - \frac{\pi}{2} = \cos\left[\frac{\pi}{2} - \theta\right] = \cos\left[\theta - \frac{\pi}{2}\right]$$

$x = \theta - \frac{\pi}{2}$ 라고 하면, $x = \cos x$를 풀면 되지.

* 원호의 길이를 반지름과의 비율로 표현하는 방법. 결국 각도를 표시하는 방법이기도 하며 단위가 없다.

이제 계산기로 고정 소수점 연산_{fixed-point method}을 해서 이 관계를 만족하는 x값을 근삿값으로 구해보겠네.

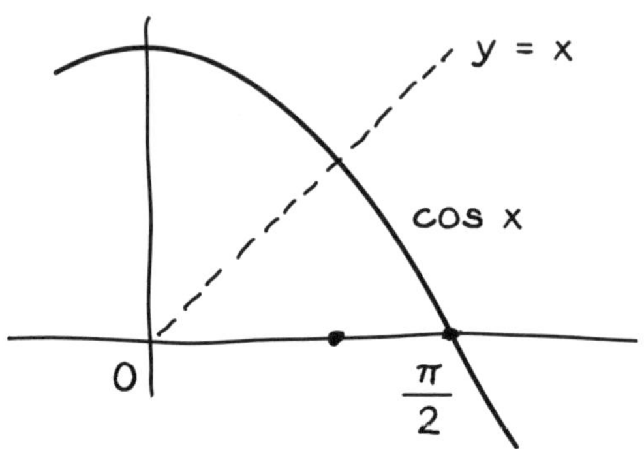

0.7부터 시작하면 좋을 것 같아서 0.7을 입력한 다음, cos값과 x가 같아질 때까지 계산기를 계속 두드렸더니 0.7390851이더군. 그러므로 $\theta = x + \frac{\pi}{2} \approx 2.3098814$야(자릿수까지 정확하게 챙겼지!)

마무리 단계:

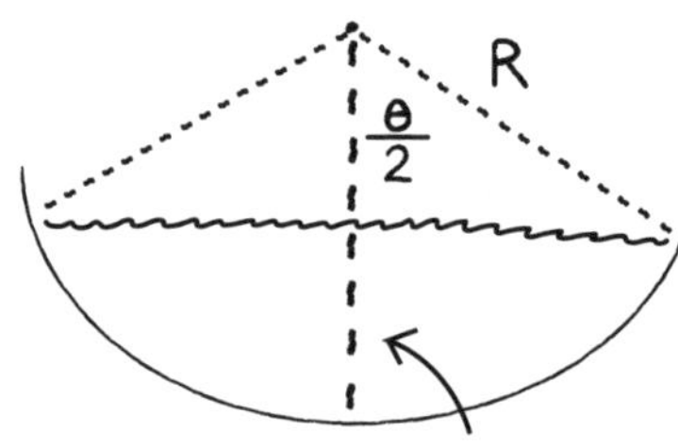

전체 깊이의 $\frac{1}{4}$만큼 차 있을 때의 깊이는 $R - R\cos\frac{\theta}{2}$이고, 약 0.596R

내가 구한 수량 파악용 막대기가 탱크 주인의 마음에 들면 좋겠군.

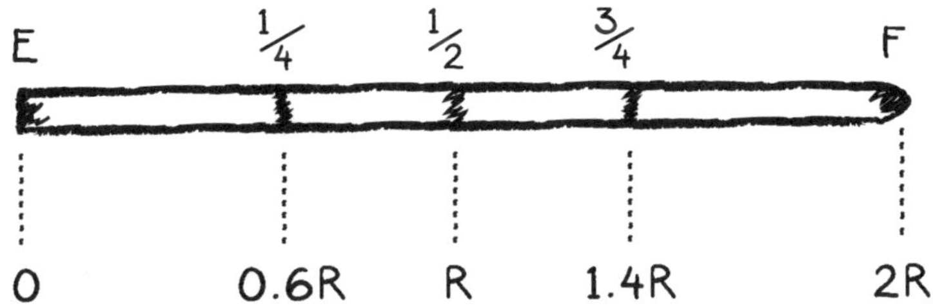

덧붙여:

첫 장에 있는 남자 그림을 급하게 스케치하느라 작은 실수를 한 거 같네. 내가 잔량 확인 막대조차 제대로 읽을 줄도 모르는 사람을 그린 거라면, 오른손에 왼손용 장갑을 끼고 있는 정도는 눈감아 줄 수 있었을 텐데. 어떻게 저런 모습으로 막대를 쥐고 있는지 따지진 말아주게나. 어쩌면 에셔M. C. Escher*의 도움이 필요할지도 모르겠어.

나는 작업실에서 산타의 요정 노릇을 하며 선물을 만들고 있어. 요즘은 아들 렉스와 손자 제시가 함께 조립할 수 있도록 박쥐집Bat House 키트를 만드는 중이야. 각각의 부품은 색깔별로 맞춰져 있고, 초등학교 2학년인 제시도 조립하기 쉽도록 못 구멍도 모두

---

* 네덜란드 출신의 예술가. 무한계단이나 불가능한 건축 등 수학적 구조를 시각화한 미술로 유명하다.

미리 뚫어둘 생각이야.

근처에 혼자 사는 엘리에게 주려고 만든 우편함 하나를 칠하는 일도 끝냈다네. 그녀는 좀더 큰 우편함을 갖고 싶어 했고, 거기에 이 지역의 동물이나 식물을 하나 골라 그려줄 수 있느냐고 내게 물었지. 마침 우리 습지 연못에 관머리비오리hooded merganser 한 쌍이 일주일 정도 머물렀기에 그걸 그리기로 정했어. 엘리는 암컷과 수컷을 각각 하나씩 우편함 양쪽 면에 그렸으면 하더라고. 당연히 원하는 대로 해줬어. 그리는 데 며칠이 걸렸고, 설치하는 데만 한 시간이 걸렸지만(헌 우편함의 나사못이 모두 녹슬어서 분해하기가 아주 힘들었다네), 모든 작업을 마치고 나니 제법 뿌듯하더군. 무엇보다도, 바로 그날 밤에 쏟아진 폭우에도 아크릴 물감이 멀쩡히 버텨준 것이 제일 만족스러웠어.

요즘 나는 화환wreath을 만드는 데 많은 시간을 쓰고 있어. 올해도 루미스고등학교의 교사 사택에 걸려고 5피트나 되는 커다란 화환을 만들었지. 이 일은 우리가 그곳에 살던 말년에 내가 시작한 것인데, 이제는 하나의 전통이 되었다네. 화환은 양쪽 여닫이 정문에 걸릴 거야. 어차피 지금 거주하는 사람들은 늘 옆문으로만 드나드니까.

겨울에 카약을 타면 해협과 감조하천, 그리고 습지의 작은 수로들을 고요한 고독 속에서 자주 오갈 수 있다네. 날씨 좋을 때는 많던 보트들이 지금은 다 사라졌어. 남은 건 나와, 오리와, 왜가리와, 매와, 갈매기와, 백조… 그리고 짙은 청회색 구름에서 부드럽게 내려오는 눈송이들뿐이지.

자네와 캐럴, 리아, 조애나가 크리스마스를 즐겁게 보내길 기
원하네. 2003년에는 365일 모두 멋진 날들로 가득하길!

조프

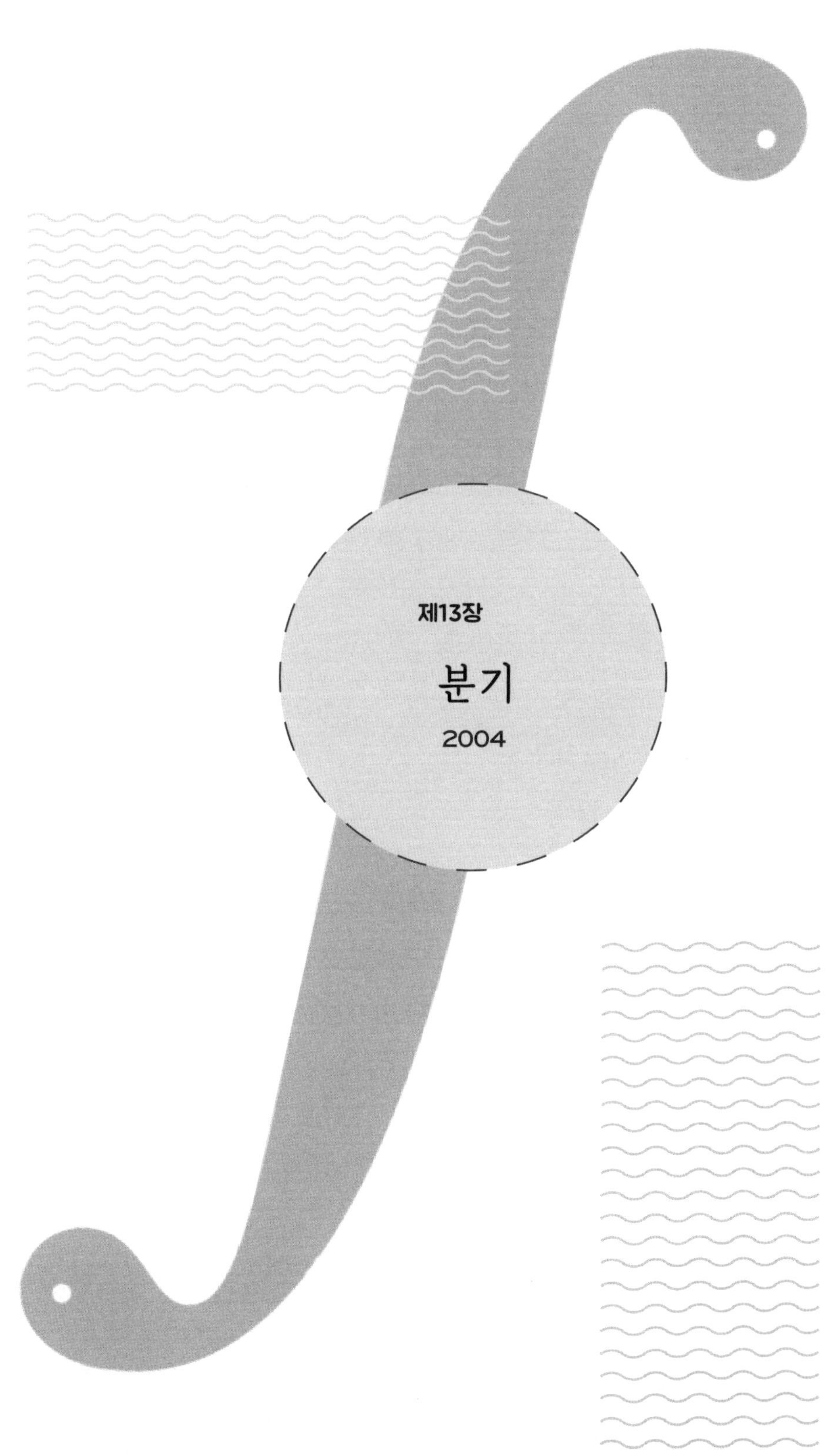
제13장

분기

2004

변화는 격렬함의 정도와 예측 불가능성의 정도가 각기 다르게 나타
난다. 당연히 각각의 경우를 설명할 수 있는 서로 다른 종류의 수학
이 존재한다.

가장 온화한 극단에는 질서정연하게 변화하는 시스템들이 자리
한다. 이 시스템들은 미분방정식으로 표현되며, 운동 법칙에 따라
미끄러지듯 움직인다. 태양의 주위를 도는 행성들이나 졸졸 흐르는
냇물을 떠올려보라. 이런 경우에는 미적분이 아주 잘 들어맞는다.
미적분은 명확한 규칙에 따라 변화해가는 계들을 위해 만들어진 수
학이기 때문이다.

그 반대편 극단에는 거칠고 비이성적인 변화가 자리하고 있다. 그
러한 변화는 시스템 자체와는 아무런 논리적 연결이 되지 않는 외부
의 사건들, 즉 시스템에 가해지는 맥락 없는 충격에서 비롯된다. 지
구에 충돌해 공룡을 멸종시킨 소행성 같은 경우를 예로 들 수 있을
것이다. 충돌의 순간 지구 생태계의 논리는 즉각 무의미해졌다. 이
런 경우에 미분방정식은 별 효용이 없다. 한마디로 수학으로는 표현

이 불가능하다. 그나마 경우의 수를 통계적으로 따지는 확률을 이용하는 방법이 있긴 하지만, 애초에 확률이란 것 자체가 특정한 상황을 예측하는 데는 그리 효과적이지 못하다.

이 두 극단 사이에는 다소 역설적일 수 있지만, 자기 붕괴의 씨앗을 품은 규칙을 따르는 시스템들이 자리한다. 격변의 단초가 이미 시스템 내부에 존재하지만, 아직은 잠재된 채로 머물고 있는 상태다. 그것을 벼랑 너머로 밀어내는 데 필요한 것은 아주 작은 자극, 대부분의 경우 감지하기조차 어려운 수준의 미세한 압력 하나면 충분하다. 티핑 포인트tipping point, 상전이phase transition, 낙타의 등을 부러뜨리는 지푸라기 등과 같은 표현들이 이를 가리키는 데 쓰인다. 이런 변환은 놀라우면서도 동시에 논리적일 수 있다.

이와 관련되는 수학이 바로 '분기 이론bifuration theory'이다. 말 그대로 '분기分岐'라는 것은 갈라짐, 즉 마치 포크처럼 하나에서 여럿으로 갈라지는 가능성을 뜻한다. 좀 더 정확히 표현하자면, 분기란 어떤 매개변수를 연속적으로 변화시킬 때 계의 동역학이 질적으로 달라지는 현상이다. 여기서 마주치게 되는 대비는 매우 뚜렷하다. 즉, 조건(매개변수)은 연속적으로 변화하지만, 이로 인한 결과는 불연속적이다. 열을 조금씩 올려도 아무 일도 일어나지 않다가, 분기점에 이르러서야 냄비가 끓기 시작하는 것과 같다.

♩ ♩ ♩

선생님의 편지는 한 달에 한 번, 때로는 두 번씩 계속 왔다. 그러다 언제부터인가 나는 편지를 열어보지 않기 시작했다. 익숙한 필기체로 주소가 적힌 봉투들이 책상 한 구석에 점점 쌓여만 갔다. 그러던 어느 날 필체가 유난히 거칠어 보이는 편지 한 통이 도착했다.

~~~~~~~~~~

스티브에게

2004년 1월 17일, 토

에휴, 지난 목요일 정오쯤에 가벼운 뇌졸중이 와서 (글씨 쓰는 손인) 오른손의 감각을 잃고 말았네. 몇 시간이 지나니까 손가락을 펴고 오므릴 수는 있게 되었고, 쥐는 힘도 어느 정도 돌아오긴 했지만, 아아, 예전 같진 않아! X@%X! 한 손밖에 못 쓰는 피아니스트를 찾는 사람이 없을 테니, 내일 예정되어 있던 재즈 사중주 공연은 포기해야겠지.

새로 맞춘 티타늄 무릎의 '재활'을 끝내자마자, 이번엔 손가락이 문제야. 조금씩 나아지고는 있지만, 중지와 약지의 회복이 늦는군. 피아노를 쳐보려고 하는 게 도움이 되긴 해도, 참 답답해.

겨울 카약은 이 한파만 지나가면 괜찮을 것 같아. 지금은 내가 카약을 띄워놓은 염수 만이 빠져 나가기 힘들 정도로 얼음이 두꺼
~~~~~~~~~~

운 상태라네.

지난주에 노를 젓고 있을 때, 차갑고 얼음 같은 물이 확실히 내 배를 '느려지게' 하는 것이 느껴질 정도였어. 나는 레이놀즈 수Reynolds number*가 떠올라서 물리학 책을 다시 들쳐보겠다고 마음먹었지. 그리고 분수의 형태로 복잡하게 얽힌 단위들이 상쇄되어 어떻게 차원이 없는 수로 정리되는지 한번 유도해보려고 했어.

그러다 보니 점성으로 시작해, 고체의 응력과 변형률을 거쳐, 다시 액체로 돌아오고, 결국 푸아죄유**에 이르는 즐거운 사색의 여정이 펼쳐졌다네…

물리학 생각이 여기서 끝나지는 않았어. 이번엔 마찰 문제였지. 지나가다가 골프장의 폐기물 더미에서 8피트짜리 봉이 쌓여 있는 걸 봤어. 처음 두 개까지는 숲을 가로질러서 힘겹게 끌고 왔어. 바닥에 바위가 '군데군데' 드러나 있는 오르막도 있었다네. 그런데 그날 밤, 카약을 옮길 때 쓰는 내 산악용 자전거를 이용해서 봉을 끌고 오자는 생각이 떠올랐어. 골프장 가장자리를 따라 먼 길로 끌고 온 뒤, 평평한 숲길을 지나 우리 작은 헛간까지 옮기는 방식이었지. 눈이 3인치쯤 쌓인 길을 몇 번 오가고 나서야, 봉의 무게 대부분이 자전거 뒷바퀴에 실리고 봉의 끝부분은 눈 위에 끌리게 될 때 마찰이 제일 적다는 걸 알게 됐네.

이제 저녁이군. 낮에는 자전거를 타고 내 카약을 세워둔 곳까

* 유체역학에서 '관성에 의한 힘'과 '점성에 의한 힘'의 비율.
** Jean Poiseuille(1797~1869). 모세관에서 유체의 속도에 대한 법칙을 유도했다.

지 다녀왔어. 이번 한파로 해협의 열린 수역으로 가는 길이 얼어붙었는지 확인하기 위해서였지. 농로를 따라 해안까지 자전거를 달리다 눈으로 덮인 얼음 둔덕에서 미끄러지며 넘어지고 말았어. 다행히 (멀쩡한) 왼쪽으로 쓰러졌어. 나는 어깨를 부딪히며 넘어지는 일에 익숙하지만, 수와 아이들은 내가 모닥불 옆에서 좋은 책이나 읽으며 쉬는 그런 사람이길 더 바란다네. 그 바람도 일리가 있어 보이는구먼.

오늘은 좋은 소식도 있다네. 내가 스스로 고안한 재활 운동 덕분에 피아노 연주에서 고무적인 성과를 내고 있어. 지금 편지를 쓰면서도 펜을 편안하게 쥐는 법을 다시 익히려 애쓰고 있지.

실은 요즘 마젤란의 세계일주에 관한 대단히 흥미롭고 조사도 탄탄한 책을 읽고 있다네. 초등학교 때 선생님은 내게 그 항해가 얼마나 혹독했는지는 전혀 가르쳐주지 않았어. 그의 항해는 해도海圖도 없고, 경도도 모르는 상태로 이루어졌지. 적어도 섀클턴Ernest Henry Shackleton은 남극을 탐험할 때 자신이 대충 어디에 있는지는 알았는데 말이야. 책 제목은 《세계의 끝을 넘어Over the Edge of the World》라고 해. 내가 마젤란 함대의 선원이 아니었던 게 얼마나 다행인지 모르겠더군.

자네와 캐럴, 리아, 조애나 모두 잘 지내길 바라네. 수와 나는 이곳의 겨울을 피해 수의 친정이 있는 하와이 카우아이 섬의 하날레이 만에 갈 생각에 부풀어 있다네.

그럼 이만,

조프

나는 선생님의 뇌졸중에 대해 답장을 쓰지 않았다. 전화도 드리지 않았다.

어쩌면 나도 거의 탈진 상태였는지도 모르겠다. 이보다 몇 달 전이던 2003년 10월에 아버지가 돌아가셨다. 점점 병세가 악화되는 부친을 바라보는 것은 끔찍할 정도로 괴로운 일이었다. 병원 침대에 누운 아버지는 너무도 작아 보였고, 입술은 늘 말라 있었으며, 계속 얼음 조각을 더 달라고만 했다. 초점을 잃은 눈빛, 그리고 몸에 연결된 튜브로 하는 모욕적인 식사. 아버지는 원래부터 말씀이 많은 분이 아니었다. 어머니가 살아계실 때도 늘, 아버지가 몸속 모든 분자를 다해 사랑했던 어머니가 두 사람 몫의 대화를 넉넉히 이어가곤 했었다.

이 일이 내가 선생님에게 답장을 하지 않은 것과 관련이 있는지는 나도 모르겠다. 하지만 결국 나는 다시 선생님에게 연락을 했다. 다만 그러기 위해선 또 다른 계기가 필요했다.

2004년 4월, 쉰일곱이던 형 이언이 어느 날 밤 갑자기 죽었다. 어머니 때와 똑같았다. 복통, 응급실, 그리고 끝.

이 소식을 듣자마자, 조프 선생님은 내게 위로의 편지를 보냈다. 그 일은, 내가 선생님에게는 한 번도 같은 일을 해주지 않았다는 사실을 더욱 선명하게 드러냈다. 이제 나도 변해야 할 때였다.

~~~~~~~~~~~

스티브에게,

<div align="right">2004년 4월 19일, 월요일</div>

　루미스고등학교로부터 자네 형 이언이 세상을 떠났다는 소식을 들었네. 수와 함께 진심으로 위로를 전하네. 기억이 가물거리긴 하지만, 나와 돈 폴킹혼Don Polkinghorne이 풋볼 팀을 지도하던 시절, 이언이 2군 선수로 뛰지 않았는지 문득 궁금해지는구먼. 마음 깊은 곳 어딘가에는 백필드 코치였던 돈 폴킹혼이 "이언!" 하고 부르던 장면이 떠오르는데, 실제로 그랬었는지는 자신이 없군. 어쨌거나, 우리 가족 모두 자네의 상실에 가슴 아파하고 있으며, 그것은 루미스 동문 모두의 상실이기도 하네.

　학교에서는 퇴직했지만 완전히 연이 끊어진 건 아닌 모양이야. 꿈속에서(악몽일지도?) 수업시작 종이 울릴 시간이 다가오는데도 교실을 찾지 못해 허둥대고 있거든! X@%X!

<div align="right">캐럴, 리아, 조애나에게도
안부 전해주길,
조 프</div>

~~~~~~~~~~~

　이 편지를 읽자마자 선생님에게 전화를 걸었다.

"여보세요."

"조프 선생님, 저예요. 스티븐 스트로가츠."

"아, 스티븐." 내 이름을 부를 때 선생님의 목소리가 애처롭게 가라앉았다.

나는 형 이언의 일에 대해 위로해주어 감사하다고 말씀드린 뒤, 선생님의 뇌졸중 이야기로 대화를 돌렸다. 심한 건 아니었어, 라고 선생님이 말했다. 당시 눈을 치우다가 일을 마무리한 뒤 거실로 들어와서 앉았는데, 10분쯤 지나자 뭔가 "딸꾹질처럼" 툭 하고 터지는 느낌이 들었다고 한다. 그러고는 오른손이 축 처지더니 말을 듣지 않았다. 부인이 병원으로 데려갔더니, 의사는 선생님에게 심장이 커져 있고("운동을 그렇게 오랫동안 했는데 당연한 거 아니요?"라고 의사에게 웃으며 대꾸했다고 한다), 혈압이 높으며, 심장이 약간 새고 있다고 알려주었다고 한다("난 물이 새지 않는 보트는 평생 가져본 적이 없지").

그러더니 선생님은 화제를 다시 수학 문제로 바꾸었다. 스파게티 면 100가닥을 냄비에 넣는다고 해보자. 남는 가닥이 하나도 없을 때까지 무작위로 가닥들을 서로 묶는다면, 그때 만들어질 수 있는 고리의 수는 총 몇 개일까? 선생님은 막 웃더니, 이 질문은 예전에 한 학생이 던진 것이었는데 정말 골치 아픈 문제였다고 말했다.

통화가 끝날 때쯤, 문득 선생님에게 어느 여름날 오후에 댁에 한 번 찾아가도 되느냐고 물었다. 우리 부부는 매년 8월이면 항상 장모님에게 가는데, 그 길에 들렀다 오면 별로 어렵지 않을 것이라고 덧붙였다. 이 제안에 선생님은 매우 흡족해했다.

∫ ∫ ∫

8월 17일 아침, 휴대용 테이프 녹음기를 챙기고 약간의 두려움과 함께 뉴욕시를 떠나 북쪽으로 차를 몰았다. 95번 도로를 타고 올드라임을 향해 달리기 시작했다. 며칠 전에 선생님에게 그간 서로 이야기해본 적 없는 사적인 일들에 대해서 대화를 나눠도 괜찮겠냐고 물었다. 선생님은 약간 망설이는 것 같기는 했지만 좋다고, 괜찮다고 했다.

예전부터 묻고 싶은 이야기는 아주 많았지만 항상 일부러 피했다. 제프의 암. 마셜의 죽음.

정신을 흐트러뜨리지 않으려고 굉장히 애를 썼다. 어떤 일이 일어나도 다 받아들이리라. 이쯤 되면 분명해졌겠지만, 나는 삶의 많은 부분을, 아니 사실 거의 전부를 머릿속에서 살아왔다. 하지만 그날만큼은, 눈을 크게 뜨고 조프 선생님을 처음 보는 것처럼 바라보며 말씀에 경청하자고 스스로 되뇌었다.

∫ ∫ ∫

두 시간 좀 넘게 운전을 한 뒤, 70번 출구에서 고속도로를 빠져나와 뒷길을 따라 선생님 댁이 있는 거리로 들어섰다. 왼편의 낮은 언덕에 집 다섯 채가 자리 잡고 있는 막다른 길이었다. 오른편에는 습지가 펼쳐져 있었는데, 새집이 설치된 수십 개의 나무 기둥이 습지 곳

곳에 솟아 있었다. 각각의 새집에는 $\sqrt{e}$, π, 그밖의 우스꽝스러운 수학 상수들이 마치 주소처럼 적혀 있었다.

길가에 차를 세웠다. 진입로를 따라 걸어 올라가는데, 집 안에서 피아노 소리가 은은하게 들려왔다. 현관의 방충망 문은 살짝 열려 있었다. "안녕하세요?" 피아노 소리가 갑자기 멈췄다. 조프 선생님과 부인이 반갑게 맞아주었고, 일흔다섯이라는 나이가 무색하게 두 분 모두 햇볕에 그을린 젊어 보이는 모습이었다. 수 사모님의 뺨에 가볍게 입을 맞췄다. 그리고 선생님과 포옹을 하고 서로의 어깨를 감싸안았다.

부인이 집 구경을 시켜주었다. 한쪽 벽에 가득 걸린 사진을 보자 숨이 턱 막히는 느낌이 들었다. 사진을 자세히 들여다보지 않았는데도 목이 메어왔다. 세 아들과 그 가족들의 사진이라는 것을 나는 직감했다. 수 사모님은 나를 데리고 위층 작업실로 올라가 직접 그린 그림들을 보여주었는데 주로 정물화였다. 나는 가족 사진으로 가득 찬 벽들을 몇 군데 더 지나쳤지만, 일부러 쳐다보지 않았다.

조프 선생님은 지하에 있는 작업실로 나를 데려갔다. 뒤쪽 벽에 카누, 카약, 윈드서핑 보드들이 바닥에 쌓아둔 콘크리트 블록 위쪽으로 걸려 있었다. 기름 냄새인지, 눅눅한 냄새인지가 내 어린 시절 집에 있던 작업실을 떠올리게 했다. 선생님은 공구를 단출하게 구비하고 있다고 이야기했다. 띠톱, 탁상 드릴, 또 다른 종류의 톱 하나가 전부였다. 회전날이 달린 원형 톱은 없었다. 선생님은 "내가 원형 톱이 왜 필요하겠어?"라고 웃으며 말했다. 그는 습지가 내려다보이고 햇볕이 가득 들어오는 창문을 아주 뿌듯해했다. 또한 새집에 붙여준

$\sqrt{e}$ 같은 숫자 표기에 얽힌 이야기, 봄에 습지에 물이 불어나서 새집을 고치려고 카약을 타고 다닌 이야기도 들려주었다.

이어서 현관 앞의 데크로 자리를 옮겼다. 커다란 차양 아래에서 점심 식사를 했다. 차갑게 썬 햄과 갖가지 빵, 곧이어 바닐라 아이스크림을 곁들인 체리 파이가 상에 올랐다.

마침내 본격적인 대화의 시간이 되자 나는 녹음기를 꺼냈다. 조프 선생님은 개인 일지를 천천히 넘겨보기 시작했다. 그 일지에는 선생님이 야외 활동을 하면서 떠올린 수학 문제들이 여럿 적혀 있었다. 우리는 함께 한 장씩 넘기며, 선생님이 이 집이나 하와이에서 본 새들을 그린 스케치도 살펴보았다. 새라면 모르는 게 없는 선생님의 친구 행크 이야기도 한참 들려주었다.

나는 이런 이야기만 계속되는 건가 싶은 생각이 들었다. 스스로의 조급함과 싸우는 중이었다. 선생님에게는 중요한 이야기들일 테니, 집중하자. 나는 그러려고 애썼다.

드디어 우리의 이야기는 엔지니어로 성장한 막내아들 제프에 관한 것으로 옮겨갔다. 그는 20대 초반에 고환암을 진단받아 수술과 항암치료를 견뎌냈고 잘 회복했다. 이후 채널3 뉴스에서 고환암을 극복한 사례로 소개되며 산에서 스노보드를 타고 내려오는 장면이 방송되기도 했다. 기적과도 같은 회복 이야기를 들으며, 그간 내가 오래도록 보여왔던 무심함에서 잠시나마 벗어난 듯한 기분이 들었다.

잠시 말이 끊겼다가 내가 큰아들 마셜에 대해 물었다. 나는 이 이야기를 꺼내기에 적당한 때를 찾고 있었다. 말이 되는 대로 쏟아져

나왔다.

"그러니까 마셜에 대해서는 이야기를 나눈 적이 없는 것 같아서요. 저는… 마셜을 잘 모르기는 하지만… 그런데… 아주 젊은 나이에 세상을 떠난 것은 알고 있는데… 그런데… 그러니까… 무슨… 일이 있었나요?"

"글쎄, 우린, 그러니까, 그건 우리도 잘…"

"별로 이야기하고 싶지 않으신 건가요?"

"어… 그러니까, 그건 참 슬픈… 걔, 걔는…"

"세 기억으론 아주 뛰어난…"

우리의 말은 서로 부딪히고 있었다. 내가 너무 나아간 것이었다. 초조해진 나는 어떻게든 빠져나갈 구멍을 찾고 싶었다. 그때 뜻밖에도 선생님이 말을 이었다.

"그애의 스물일곱 해의 삶은 정말 훌륭했어. 매네스대학에 들어갔지. 처음에는 애머스트대학에 입학했는데, 아무래도 음악을 포기할 수가 없었나 봐. 피아노를 좋아했고, 그래서 매네스대학으로 간 거지…"

"…거긴 음악학교인가요?"

"응, 줄리어드 음대 근처에 있어. 음악학교들이 있는 동네지. 줄리어드는 아니지만 그애가 갈 수 있는 곳이었어. 학교를 아주 좋아했지. 근처에 작은 아파트를 얻었고, 우리는 가끔 그애를 보러 가곤 했어. 그러다가, 어, 그러니까… 아, 그 병에 걸려서 결국 회복하지 못했지."

우린 말없이 앉아 있었다.

"아주 슬프게도… 심지어 마지막에 기력을 잃어가면서도 밤새 피아노를 쳤어. 그저… 집안에 아름다운 음악이 가득했지. 뉴잉글랜드 음악원에 일자리를 얻을 계획도 세우고, 그런 여러 계획들이 있었는데, 운명이 좋지 못했어. 하지만 적어도, 음, 내가 아는 한에서… 그 스물일곱 해 동안 그애보다 더 흥미로운 일들을 많이 한 사람은… 없어. 그애는 루미스고등학교 극장의 모든 뮤지컬에서 주연을 맡았지. 짐 루겐Jim Rugen이 맡았던 마드리갈 합창단에서 노래도 했고. 또 작곡도 했어. 며칠 전에 자료들을 들춰보다가 발견했는데, 키리에를 하나 써두었더군. 종교적인 곡인데, 녹음까지 되어 있었어."

"그에게 종교적인 마음이 있었나요?"

"음…"

"그런 건 아닌가 보군요?"

"음… 그래, 그런 게 있었던 것 같아. 저너머에 있는 누군가와 결국은 마주해야 한다는 느낌에, 그애는 꽤 가까이 다가가 있었다는 생각이 들어."

선생님은 잠시 말을 멈췄다. 우리는 가만히 앉아 소금기 어린 습지를 바라봤다.

"그래서, 그러니까, 그건 다행이었는지도 모르겠어. 그러니까, 내 생각에, 그애는 평온하게 떠난 것 같아…. 아, 물론 그립지. 그애는 여행을 많이 했어. 한번은 그애 친구가 그랬대. '야, 방금 이스라엘 가는 표가 생겼는데 같이 갈래? 표가 두 장이거든.' 그 말을 듣고 훌쩍 떠난 적이 있었지. 그애는 그냥… 뭐랄까, 잘 지내다 갔어."

우리 둘 다 아무 말이 없었다.

"마셜은 아직 목소리가 가늘던 시절부터 소년 합창단에 들어갔어. 하트퍼드에 있는 교회에서는 소년 합창단의 리더였는데, 어느 여름 웨스트민스터 사원에 가서 공연하기도 했지. 항상 스스로에게 엄격한 아이여서 놀랍기도 했어. 아무튼, 좋은 일들이 많았어. 아는 것도 많은 아이였고. 수가 웨슬리언대학에서 석사 과정을 밟고 있을 때, 종종 그애한테 전화해서 이것저것 묻기도 했지. 그애는 당시 별로 알려지지 않은 작곡가들에게 몰두해 있었어. 만물박사라고 해도 될 정도였지. 그리고 나는 늘 그애가 가진 한 가지 재주가 부러웠어. 집에 오면 우리는 피아노 주위에 둘러앉고, 그애가 '자, 뭘 연주할까요?' 하곤 했거든. 그럴 때 내가 콜 포터Cole Porter의 노래집을 가져와서 아무 쪽이나 펼쳐서 주면, 그애는 처음 보는 곡인데도 악보를 초견으로 연주하고 우리와 함께 노래까지 부를 수 있었어. 나는 속으로 생각했지. '와, 애는 정말 내가 그토록 바랐던, 한꺼번에 여러 일을 처리하는 머리를 가졌구나!'"

나는 내가 알고 지내던 마셜의 친구 한 명에 대해 물었고, 화제는 이내 훨씬 편안한 이야기들, 그리고 미적분 문제들로 옮겨갔다.

잠시 후 선생님은 바다로 나가서 수영을 하거나 해변을 걷지 않겠냐고 물었다. 우리는 모래사장에서 괜찮은 자리를 하나 찾았고, 선생님의 예전 제자 한 명이 보내준 미적분 문제에 대해 이야기를 시작했다. 파동에 대한 문제로, 푸리에 적분(푸리에 급수를 무한히 많은 사인파에 대해 일반화한 것)을 이용해야 풀 수 있는 문제였다. 선생님으로선 처음 보는 종류의 무한 개념, 더 높은 차원의 무한 개념이 담긴 문제이기도 했다. 내가 그 내용을 설명하는 동안 해가 지기 시작했다. 우리는 롱아일랜드 해협의 파도에 둘러싸인 채, 해변에 나란히 앉아 그 문제를 풀었다.

∫ ∫ ∫

하늘이 어두워질 즈음, 우리는 집으로 돌아왔다. 조프 선생님과 수사모님은 내가 뉴욕시로 돌아가기 전에, 점심 때 남은 음식으로 간단한 저녁 식사를 차려주었다.

나는 부인에게 입맞춤을 하고 선생님과 포옹하며 작별했다. 문을 나설 때, 선생님이 내 주소가 적힌 편지봉투 하나를 건네주었다.

차에 올라앉아 편지를 열어보았다. 말미에 이렇게 쓰여 있었다.

~~~~~~~~~~~~~~

자네가 왔을 때 이 편지를 직접 건네면 우편요금을 아낄 수 있겠다는 생각이 문득 들었네. 솔직히 자네를 만나는 게 신경 쓰이더군. 편지로 이어져 온 우리의 우정은 오랜 세월 내게 큰 의미였어. 뉴욕시에서 95번 도로를 타고 여기까지 찾아오겠다는 자네의 생각만으로도 가슴이 벅찼다네.

무사히 돌아가길!

조프

~~~~~~~~~~~~~~

나를 만나는 게 신경 쓰였다니. 믿을 수 없었다. 나도 선생님을 만나는 게 신경 쓰였었는데. 선생님은 대체 무엇 때문에 그랬던 것일까?

제14장
헤론의 공식
2005 ~

미적분은 시간, 운동, 변화에 관한 제논의 역설로부터 시작된다. 가장 유명한 이야기는 아킬레우스와 거북이 이야기다. 이 위대한 전사와 평범한 거북이가 경주를 하는데, 거북이가 몇 발짝 앞에서 출발한다. 아킬레우스가 거북이가 출발한 곳까지 왔을 때면 거북이도 얼마간은 전진한 상태다. 아킬레우스가 그 위치에 도착하면 거북이도 좀 더 앞으로 가 있으므로 여전히 거북이가 앞에 있다. 결국 세상에서 가장 빠른 사람이 느린 거북이를 따라잡지 못한다. 상식적으로는 말이 되지 않으므로, 제논은 오히려 상식이 틀렸다고 주장했다. '변화는 환상에 불과하다. 정신 이외에는 아무것도 믿지 말아야 한다.'

수학자라면 누구나 제논이 무한급수를 이해하고 있지 못했기 때문이라고 말할 것이다. 이제는 미적분이 있으므로 제논의 주장을 간단히 무너뜨릴 수 있다. 하지만 나는 한편으로는 제논이 무엇을 두고 그토록 마음 졸였는지는 어느 정도 이해가 간다. 선생님과 나 사이에 오간 편지들을 보면 과거는 현재를 바짝 따라잡으려 하고, 지난 세월이 맹렬히 쫓아오는 듯한 느낌을 지울 수 없다. 천천히 흐르고 있는 현재라는 시점에서 보면, 선생님과 나는 시간에 쫓기고 있는 거북이들 같기도 하다.

선생님은 내가 우리 둘 사이의 이야기를 쓰고 있다는 걸 알고 있다. 전화 통화 중에 책 이야기가 나오면, 그는 항상 그저 책이 나오는 것을 살아생전에 보고 싶을 뿐이라고 말한다.

∫　∫　∫

2007년에는 연락을 못 드린 지 2년 가까이 되고 있었다. 2007년 2월 15일, 너무 오래 소식을 못 드렸다는 사과의 편지를 보냈다. 며칠 뒤, 부인에게서 전화가 왔다. "남편에게 두 번째 뇌졸중이 왔어요." 그녀가 말했다. "처음에는 양쪽 눈이 모두 안 보였는데, 다행히 왼쪽은 나아졌어요. 더 이상 운전을 할 수 없지만 여전히 카약을 자전거에 실어 강까지 나가요. 머리가 예전처럼 빨리 돌아가진 않지만, 옛날 일들은 잘 기억해요. 전화 바꿔줄까요?"

"물론이죠." 내가 말했다. 선생님과 이야기하고 싶었다.

겁이 났다.

전화를 건네받은 선생님의 목소리는 예전과 다름없이 따뜻했다. "걱정 말게"라며 나를 안심시켰다. "오른쪽으로는 한 7도 정도까지밖에 안 보이지만, 그냥 '아, 이쯤에 오른쪽 게이트가 나오겠구나' 하고 고개를 돌리면 돼. 급류에서 카약 슬라럼* 경기를 하며 역방향 게이트를 넘나들던 시절 덕분에 목은 여전히 유연하거든."

몇 달 뒤, 짧은 편지를 보내 그간 선생님에게 받은 모든 편지를 책에 실어도 괜찮은지 허락을 구했다. 불편한 손으로 써보낸 선생님의 답장에는, 분명 그 자신도 민망해했을 몇 군데의 지운 흔적들이 남아 있었다.

~~~~~~~~~

스티브에게

<div align="right">2007년 11월 5일, 월요일</div>

지난번 뇌졸중 이후로 단기기억이 오락가락하긴 하지만, 근처에서 카약을 타고 자전거로 집으로 돌아오는 길은 여전히 잘 찾고 있다네.

자네가 우리 사이에 오간 편지를 바탕으로 책을 낸다고 하니 매우 기뻐. 우리가 주고받았던 모든 편지를 자네 마음껏 책에 실어도 좋아. 내가 고민하던 많은 수학 문제들을 자네가 풀어서 알려준 적이 얼마나 많았던지. 학생들은 수업에 들어오자마자 묻곤 했어. "오늘은 스티브 선배에게서 편지 온 거 없어요?"

교사와 학생의 관계가 뒤바뀐 이 관계 속에서, 우리가 주고받은 편지들이 단발적인 사건들에 그치지 않았다는 것이 믿기지 않아.

* 게이트를 통과하며 내려오는 경기로, 일부 게이트는 물살을 거슬러 통과해야 한다.
~~~~~~~~~

자네도 보다시피, 이 감사의 편지를 쓰면서 몇 군데 수정을 했네. 지나간 모든 세월에 대해 자네에게 진심으로 감사의 마음을 전하고 싶어.

(수에게 이 편지를 한번 봐달라고 부탁해야겠어!)

진심을 담아,
돈

～～～～～～～

이 책을 쓰는 동안, 나는 선생님에게 무엇을 배웠는지에 대해 많이 생각했다. 몇 년 전까지만 해도 나는 별로 없다고 말했을 것이다. 수학으로 치자면 거의 배운 게 없었다고. 그건 고등학교 때조차도 마찬가지였다. 하지만 이제야 그가 내게 무엇을 주었는지 조금씩 깨닫기 시작한다.

선생님은 내가 그를 가르치도록 한 것이었다.

내가 아직 어떤 학생도 가르치기 전, 그는 이미 나의 학생이었다.

어쩌면 선생님은 내게 가장 필요한 것이 그것이라는 걸 알고 있었던 것 같다. 그래서 내게 그 기회를 주었고, 나를 북돋았으며, 도와주었던 것이다. 훌륭한 스승이 으레 그렇듯이 말이다.

하지만 이제 나는 선생님에게서 무언가를 배우기도 했다는 것을 깨달았다. 그것도 삶을 사는 방식에 관한, 깊이 수학적인 어떤 것을 배웠다. 선생님은 취미에서도, 삶의 부침을 대하는 태도에 있어서도, 항상 변화 앞에서 용감하다. 변화에 몸을 맡기고 그 안에서 안정을 찾으려 한다. 할 수만 있다면, 그 변화를 오히려 즐긴다. 재즈 피아노, 윈드 서핑, 급류 카약… 이 모든 것은 이 세계의 변화가 지닌 두 얼굴, 피할 수 없음과 예측할 수 없음 사이에서 균형을 잡게 한다. 질서와 혼돈. 미적분이 다룰 수 있는 변화들과 그렇지 못한 변화들. 선생님은 그 모든 것과 맞선다. 제논과 달리 머리로만이 아니라 마음으로도.

$$\int \quad \int \quad \int$$

선생님은 두 번째 뇌졸중을 겪기 직전인 2005년에, 나에게 마지막 두 통의 수학 편지를 썼다. 그가 궁금해했던 문제는 고전적인 기하학 문제로, 세 변의 길이가 주어졌을 때 삼각형의 넓이를 어떻게 구할 것인가 하는 것이었다. 직각삼각형이라면 아주 간단하지만, 어느 각도 직각이 아닌 삼각형일 때에는 이제는 거의 가르치지 않는 하나의 공식이 필요하다. 그리스의 수학자 헤론이 발견한 것으로 알려진, 이른바 헤론의 공식이다.

이 오래된 편지들을 보니 미소가 떠오른다. 편지에 담긴 수학 문제 때문이 아니라, 편지 속에서 다시 만나는 선생님 때문이다. 만화 같은 그림들, 자책하는 모습, 기쁨 섞인 짜증의 분출, 그리고 논증의 논리에 대한 순수한 즐거움까지.

스티브에게

2005년 6월 4일 토요일

최근에 일어난 일 하나를 듣는다면 자네가 아마 웃지 않았을까 생각했네. 루미스고등학교 졸업생 한 명이 편지를 보내왔는데, 삼각형의 세 변의 길이로 면적을 구하는 헤론의 공식을 증명하는 내용이 담겨 있었어. 증명 과정에 기하학적 내용이 많은 건 당연했지. (순환 사각형cyclic quadrilateral이 대체 뭐지? 통 모르겠더군.)

그녀의 편지를 조금 읽다가 현대적인 삼각함수 접근을 이용해서 내 나름으로 증명해보면 재미있겠다는 생각이 들더군.

몇 차례 헛수고를 하고 나서, 실은 이리저리 줄을 한참 긋다가 실패하고 다시 처음으로 돌아온 뒤에야 제대로 증명할 수 있었어. 혹시 시간이 날 때 한 번 내 증명을 살펴보면 자네에게 재미있을

지도 모르겠어.

내가 알기로는, 루미스의 수학 교사들은 $\sqrt{s(s-a)(s-b)(s-c)}$ 라는 헤론의 공식을 증명하지 않고 가르쳐. 은퇴한 동료 교사 몇 몇은 머리가 굳지 않으려고 글자 맞추기 게임을 하는데, 나는 전혀 흥미를 못 느끼겠더라고. 내가 다녔던 윌브러햄고등학교의 기하학 선생님은 저녁마다 기하학 문제를 푸는 게 제일 신나는 일이라고 내게 털어놓은 적이 있어. (운동에 빠져 있던 열다섯 살 소년에겐 정말 이상하게 들렸지.)

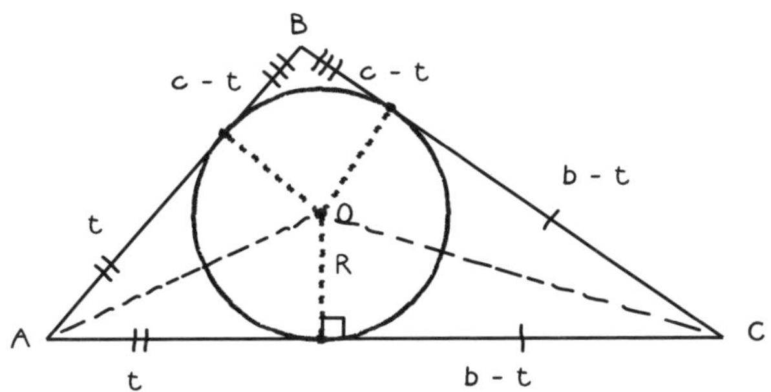

문제:

삼각형의 둘레의 절반 $s = \frac{1}{2}(a+b+c)$일 때, 삼각형의 면적 $\triangle\mathrm{ABC} = \sqrt{s(s-a)(s-b)(s-c)}$임을 보이시오. O는 삼각형의 내심이고 면적이 Rs임은 쉽게 알 수 있으므로, 접선의 길이를 이용했네.

$$2s = 2t + 2(c-t) + 2(b-t)$$
$$\begin{cases} s = b+c-t \\ 2s = b+c+a \end{cases}$$
$$s = a+t \qquad t = s-a$$

이 관계를 이용하면 다른 접선도 a, b, c의 순환치환cyclic permutation으로 표현할 수 있어.

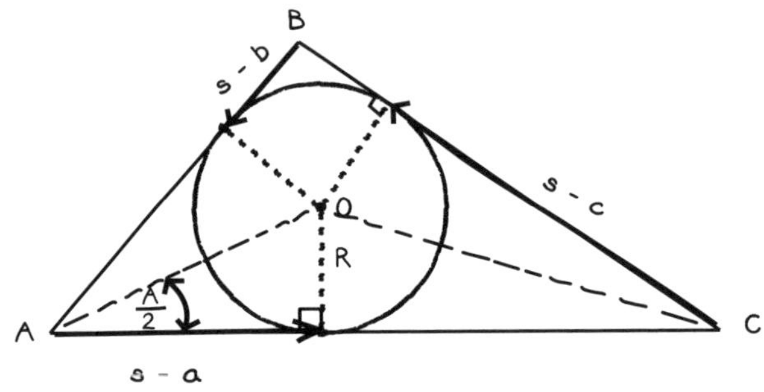

$$\left. \begin{aligned} \tan\frac{A}{2} &= \frac{R}{s-a} \\ \tan\frac{B}{2} &= \frac{R}{s-b} \end{aligned} \right\} \quad \tan\frac{A}{2}\tan\frac{B}{2} = \frac{R^2}{(s-a)(s-b)}$$

마찬가지로,

$$\tan\frac{A}{2}\tan\frac{C}{2} = \frac{R^2}{(s-a)(s-c)}$$

이고

$$\tan\frac{B}{2}\tan\frac{C}{2} = \frac{R^2}{(s-b)(s-c)}$$

이 되네.

이 값들을 더하면 아래와 같은 값이 얻어지지.

$$\tan\frac{A}{2}\tan\frac{B}{2} + \tan\frac{A}{2}\tan\frac{C}{2} + \tan\frac{B}{2}\tan\frac{C}{2} \qquad (\text{식}\,1)$$

$$= R^2\left[\frac{1}{(s-a)(s-b)} + \frac{1}{(s-a)(s-c)} + \frac{1}{(s-b)(s-c)}\right]$$

$$= R^2\left[\frac{s-c+s-b+s-a}{(s-a)(s-b)(s-c)}\right]$$

$$= \frac{R^2 s}{(s-a)(s-b)(s-c)}$$

잠깐 휴식:

$$\frac{A}{2} + \frac{B}{2} = 90 - \frac{C}{2}$$

$$\tan\left(\frac{A}{2} + \frac{B}{2}\right) = \frac{1}{\tan\frac{C}{2}}$$

$$\frac{\tan\frac{A}{2} + \tan\frac{B}{2}}{1 - \tan\frac{A}{2}\tan\frac{B}{2}} = \frac{1}{\tan\frac{C}{2}}$$

$$\tan\frac{A}{2}\tan\frac{C}{2} + \tan\frac{B}{2}\tan\frac{C}{2} = 1 - \tan\frac{A}{2}\tan\frac{B}{2}$$

$$\tan\frac{A}{2}\tan\frac{B}{2} + \tan\frac{A}{2}\tan\frac{C}{2} + \tan\frac{B}{2}\tan\frac{C}{2} = 1$$

깔끔하지 않나!(어쩌면 삼각형의 이런 성질을 이미 알고 있었어야 했는지도 모르지만, 직접 발견하니 더 즐겁군.) 이제 식1로 돌아가면,

$$1 = \frac{R^2 s}{(s-a)(s-b)(s-c)}$$

$$R^2 = \frac{(s-a)(s-b)(s-c)}{s}, \qquad R = \sqrt{\frac{(s-a)(s-b)(s-c)}{s}}$$

그러므로 삼각형의 면적 $\triangle$는 이렇게 구해지네.

$$\triangle = Rs = s\sqrt{\dfrac{(s-a)(s-b)(s-c)}{s}}$$

$$= \sqrt{s(s-a)(s-b)(s-c)}$$

휴우! X%@!

은퇴를 하고 나니 생활이 오히려 더 바빠진 것 같아. 하루 동안 해치우려던 일들이 하루가 끝나갈 때까지도 여전히 마무리되지 않곤 하지만, 뭐 그건 괜찮아. 다음 주 토요일에는 윌브러햄 학교 예배당에서 짧은 연설을 해야 하네. 예전에 나를 가르쳤던 물리·화학 교사이지 내 육상 코치였던 필 쇼Phil Shaw 선생님에 대한 이야기를 하려고 해. 그분의 영향으로 내가 고등학교 교사의 길을 걷게 되었던 걸세.

그날 저녁에는 내가 속한 '레이드백 재즈 트리오'가 저녁 7시부터 8시까지 루미스고교 동창회 칵테일 리셉션 파티에서 연주를 할 예정이야. 다음 날 오전 올드 세이브룩에서 11시부터 2시까지 (해 지기 전?) 브런치 공연을 할 거고.

올해는 날이 춥고 물도 차갑지만 배를 일찍부터 타기 시작했네. 집을 나와 자전거와 카약을 타며 롱아일랜드 해협의 고요함 (곧 사라지겠지만)을 즐기고 있다네. 어쨌거나 조수로 생긴 개울들에까진 파워 보트들이 밀려오진 않을 테니까.

아, 요즘은 사람들의 라이프 스타일이 아주 복잡해지고 있어. 난 그런 데 휩쓸리지 않아서 다행이야.

첫 장에 있는 그림으로 돌아가지… 나는 헤론의 천재성을 새삼 느껴… 알렉산드리아 시대의 데모크리토스, 아리스타르쿠스, 에

라스토테네스 같은 이오니아 사람들의 위대함도 충분히 느끼고…

자네와 캐럴, 리아, 조애나
모두 잘 지내길,
조프

~~~~~~~~~~~~~~~~~~

조프 선생님!

<div align="right">

2005 / 6 / 19

</div>

헤론의 공식을 멋지게 증명해서 보내준 편지 잘 받았습니다. 저는 지난 1월부터 캐럴, 리아, 조애나와 이곳 덴마크 닐스보어연구소에서 안식년을 보내고 있어요.

코펜하겐은 생활 면에서 사랑할 만한 점이 정말 많아요. 도시 전체가 아이들에게 친화적이어서, 은행이나 상점마다 놀이 공간이 마련되어 있죠. 사람들은 다들 영어를 아주 잘하고 미국인에게 친절합니다. 대중교통과 공공시설은 믿기 힘들 정도로 훌륭하고요. 일례로, 우리 동네에 있는 수영장은 올림픽 규격인 데다가 사방에 대리석 석상이 빙 둘러 있다니까요.

여길 떠나야 한다는 게 너무 아쉽습니다. 이틀 뒤에 귀국이거든요. 선생님이라면 이럴 때 !?@X!라고 썼겠죠.

여기서는 전화가 거의 울리지 않아서 재미있는 연구를 좀 할 수 있었습니다. 무려 6개월 동안 머리를 싸맸던 문제는 런던 밀레
~~~~~~~~~~~~~~~~~~

니엄 브리지의 흔들림이었는데(제가 쓴 책《동시성의 과학, 싱크》에서도 언급했죠), 다리 위의 보행자들이 자신도 모르게 다리의 미세한 흔들림에 발걸음을 맞추면서 보폭이 동기화되고, 그 결과 흔들림이 증폭되었다는 점이 원인이었습니다.

이곳을 감싸고 있는 유서 깊은 분위기는 정말 굉장해요. 실제로 여기는 닐스 보어의 집과 그 바로 옆 건물로 이루어져 있거든요. 1920년대의 모습 그대로 보존된 A강의실에서 강연해달라는 요청을 받았을 때는 무척 감격스러웠습니다. 그 시절, 바로 그 작은 공간에 보어와 하이젠베르크, 파울리, 디랙, 그리고 다른 쟁쟁한 물리학의 거장들이 함께 앉아 막 탄생한 '양자역학'을 두고 열띤 토론을 벌였으니까요.

아, 너무 길어졌네요. 지금은 왁자지껄한 미국식 삶으로 돌아갈 준비를 하느라 정신없이 짐을 싸고 있습니다. 조만간 언제나처럼 킴벌 홀에서 편지를 써서 보내도록 할게요. 그래도 이 특이한 봉투와 발신 주소를 보면 선생님이 한 번쯤 웃을 것 같아서, 이 짧은 편지를 그냥 지나칠 수가 없었어요. 그래서 얼른 하나 날려 보냅니다!

안녕히,
스티브

스티브에게,

2005/7/26, 화요일

와! 닐스보어연구소에서 온 "특급 우편"이라니?!! 정말로 사람들이 탐낼 만한 소인이 찍혀 있군. 안식년 동안 덴마크어는 배웠나?

이 편지는 일흔여섯의 내가 어느 정도의 정신적 활동을 하고 있는지에 대한 부끄러운 고백이기도 하네. 헤론의 공식에 관한 자신의 강연 노트를 보내준 내 친구 니나는 편지 말미에 〈흥미로운 것들〉이라는 에필로그도 덧붙였어. 그 내용 중 하나는, 그녀가 제시한 증명이 어쩌면 아르키메데스에게서 비롯되었을 수도 있다는 내용이야. 또 다른 하나는, "헤론의 면적 공식을 이용해서 피타고라스의 정리를 간접적으로 증명할 수 있습니다"는 코멘트였지.

나는 후자를 보고 나서, $A = \sqrt{s(s-a)(s-b)(s-c)}$에 피타고라스의 정리가 사실상 들어 있다는 것을 증명해보고 싶어졌어. 내 증명은 직각삼각형에서부터 시작돼.

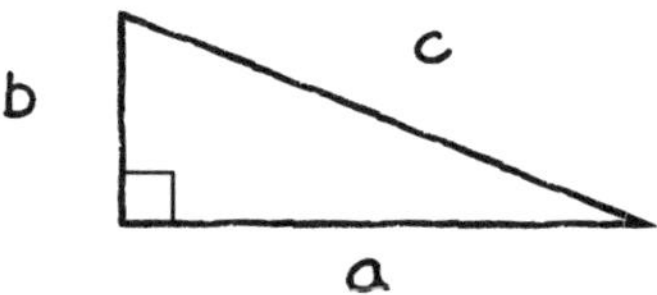

이 경우에 면적은 $\frac{1}{2}ab$이고, 변들과 반둘레(둘레의 절반)에 대한 대수 계산을 고되게 거치면, $a^2 + b^2 = c^2$이라는 식을 얻을 수 있네. 아주 우아한 증명은 아니야. 피타고라스 정리의 '증명'이라는 점에서 이 방법에는 순환 논리가 들어 있는 것 같긴 한데, 나는 헤론(아르키메데스?)이 자신의 정리를 증명할 때 피타고라스의 정리를 사용했는지는 아직 확인해보지 못했어. 나는 그보다는 좀 더 곤란한 문제를 파고들었다고 해야겠군.

어느 날 니나의 〈흥미로운 것들〉에 언급되어 있던 또 다른 내용이 내게 떠올랐어. "사각형 $ABCD$의 면적이

$$A = \sqrt{(s-a)(s-b)(s-c)(s-d)}$$

라는 것은 증명되어 있습니다." 또한 "$d=0$인 경우 이 사각형은 삼각형이 되므로, 이 삼각형의 면적은

$$A = \sqrt{s(s-a)(s-b)(s-c)}$$

입니다"라는 것이야.

여기서 한 번 편지를 끊어가야 할 것 같네. 부디 조금만 인내해 주길(수많은 물리학자들도 막스 플랑크가 그들을 새로운 에너지 준위로 데려갈 때까지 참고 기다려야 했잖나).

근처에 혼자 사는 여성이 자신이 지난겨울에 만든 15피트짜리 노젓는 배를 세워둘 정박장을 지어달라는 부탁을 해왔어. 마침 안 쓰는 각재가 많이 있는지라, 그녀가 사둔 지붕용 방수포를 지탱할 구조물을 어떻게 만들지 이리저리 떠올려서 스케치를 해봤어.

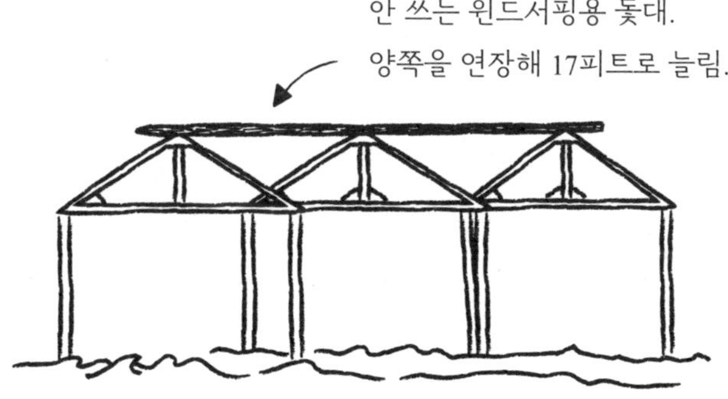

사각형 구조가 견고하지 못하다는 건 알고 있었기에, 보다시피 삼각형 여러 개를 조합한 형태가 되었네.

자, 다시 내 고백으로 돌아가세나. (내 두뇌 회전의 에너지 준위가 몇 단계 내려갔다는 걸 염두해두게.) 나는 종이와 연필을 들고 사각형의 면적이 $\sqrt{(s-a)(s-b)(s-c)(s-d)}$ 라는 것을 증명해보려고 했어. 정사각형의 경우에는 모든 게 맞아떨어지는지 확인해보았고, 여기서 명시되지 않은 s는 다시 반둘레, 즉 $s = \frac{1}{2}(a+b+c+d)$라고 가정했어. 그런 다음 여러 쪽에 걸쳐서 공통 변을 공유하지만 반둘레가 서로 다른 두 삼각형을 더해가며 계산을 이어나갔네.

성과 없이 끝난 대수 계산을 한참 하고 나서야, 직사각형으로 시험해보면 어떨까 싶은 생각이 들더군. 아아, 직사각형에서는 공식이 살아남더군. 그런데 바로 그 순간 전구가 깜빡거리지 않겠나 (그닥 밝지는 않은 전구였어. 40와트나 될까). 직사각형은 반둘레를 그대로 둔 채로도 쉽게 평행사변형으로 변형될 수 있었던 거야. 그림을 그려보고 나니, 변의 길이만으로 사각형의 면적을 구할 수 있다고 증명하려던 내 자신이 어이가 없더군.

아아아아아악! %@X!

어쩌면 어느 교재 출판사에서 《충격 고백: 교사들》 같은 잡지를 내고 싶어 할지도 모르겠단 생각이 들 정도야.

내가 여러 소재들을 제공할 수 있을 것 같군.

어느 해 봄인가, 칠판에 다변수 미적분 증명을 하다가 잠시 멈춘 적이 있었네. 분명히 중간에 막혀서 그랬던 건데, 그때 학생들에게 시선을 돌렸어. 애덤 독트로프Adam Doctroff가 손을 들더니…
다음 단계를 알려주더군. 그 학생을 칭찬하고선 "어떻게 그걸 떠
올렸니?"라고 물었지. 그 친구는 "아, 작년 가을에 선생님이 알려
주신 거잖아요"라고 하더라니까.

이봐, 스티브, 루미스고등학교에서 교편을 잡던 시절 나는 정
말 운이 좋은 사람이었어. 뛰어난 학생들을 가르칠 수 있었으니
까… 개중에는 하위헌스에게 빠져 있던 학생도 있었지. 그 친구는
체육관에서 열린 학생 코미디 공연에 흰 실험복을 입고 나와선 칠
판에 2 = 1이라는 걸 증명해 보이기도 했어.

음, 슬슬 이웃이 부탁한 보트 정박장을 만들러 갈 시간이군.

사랑하네, 스티브.

조프

감사의 말

내가 매사를 대하는 방법에 대해 친구 하나가 나더러 이렇게 놀린 적이 있었다. "항상 패를 훤히 다 까놓고 있잖아." 그렇다고 해도, 이 책을 쓰려니 솔직해지기가 결코 쉽지 않았다. 내가 어느 정도라도 제대로 해낼 수 있었다면, 그것은 여러 동료, 친구, 그리고 가족의 격려와 도움 덕분이다.

원고를 검토하고 폭넓고 유익한 의견을 준 샘 아베스먼Sam Arbesman, 캐런 대시프 길로비치Karen Dashiff Gilovich, 톰 길로비치Tom Gilovich, 애나 피에르험버트Anna Pierrehumbert와 장모인 셜리 시프먼Shirley Schiffman에게 감사의 뜻을 전한다.

원고를 훌륭하게 타이프해준 준 마이어만June Meyermann은 이 원고를 읽어준 첫 번째 독자였다. 다음 원고를 기대하며 기다려주던 그녀의 명랑한 조바심은 모든 작가들이 꿈꾸는 것이었다.

루미스 채피 고등학교의 홍보 담당자인 루이스 모런Louise Moran은 자료보관실을 뒤져 조프 선생님의 모습이 담긴 멋진 사진들을 찾아주었다.

내 지난번 책의 편집을 맡았던 윌 슈월브Will Schwalbe는, 이번 책에서는 내 꿈을 따르라고 응원해주었다. 집필 초기 단계에 해준 조언과 올바른 방향으로 이끌어준 것에 대해 감사한다.

출판 대리인 카틴카 매트슨Katinka Matson 또한 처음부터 이 책을 믿어주었고, 이 책이 좋은 보금자리를 찾도록 도와주었다. 그녀의 감각은 언제나 탁월하며, 솔직함과 유머 감각 역시 최고다.

앨런 알다Alan Alda, 자네는 정말 좋은 친구야. 함께했던 브레인스토밍 시간과 (수학 수업에는 결코 다뤄지지 않는 개념인) 드라마틱한 전개에 대한 헤아릴 수 없는 조언에 감사해. 글이 막힐 때면 항상 자네를 독자로 떠올리며 글을 썼어.

프린스턴대학교 출판부의 담당 편집자인 비키 컨Vickie Kearn에게도 감사를 전한다. 항상 부드럽게 건네준 통찰, 밝은 열정, 그리고 이 프로젝트 내내 보여준 한결같은 지지에 고마움을 느낀다. 함께 작업할 수 있어서 정말 즐거웠다.

최고의 친구이자 일생의 연인인 내 아내 캐럴에게, 그녀 자신은 이미 백 번은 들었겠지만, 기록으로 남기기 위해 다시 한 번 말한다. 원고 초안에서 어떤 점을 개선해야 할지에 대해, 공감 어린 동시에 놀라우리만큼 예리한 충고를 해주어 깊이 감사한다. 내가 왜 이 작업에 그토록 빠져 있었는지, 나 스스로 깨닫기도 전부터 이해해주고 묵묵히 견뎌준 데에도 고마운 마음이다.

누구보다도 돈 조프레이 선생님에게 감사의 마음을 전한다. 당신의 우정이 지닌 따뜻함과, 내게 가르쳐준 모든 것, 함께했던 수많은 수학적 즐거움, 그리고 우리의 편지들을 나눌 수 있도록 너그러이 허락해준 데에 대해 나는 결코 다 갚을 수 없을 것이다. 그런데 선생님, 알려드리고 싶은 멋진 미적분 문제가 하나 있네요. 조만간 연락 드리겠습니다.

조프 선생님과 내가 편지에서 혹은 이 책에서 다뤘던 수학적 주제에 대해 더 알아보고 싶은 독자들을 위해 각 장별로 참고가 될 도서들을 소개한다.

가능한 한 친절하고 이해하기 쉬운 책을 고르려고 노력했다. 대부분의 책들은 대학 1학년 수준의 미적분 지식이면 이해할 수 있는 수준이다. 편의상 저자명과 출판 연도만 간단히 표기했으며, 더 자세한 정보는 참고문헌 목록에서 찾아보기 바란다.

연속성

Dunham(2004)은 극한과 연속성의 현대적 개념을 포함해서, 미적분에서 엄밀성이 어떻게 정립되어갔는지를 다룬다.

피보나치 수와 자연, 예술, 건축과의 관련성에 대해서는 Livio(2002)와 Posamentier and Lehmann(2007)에서 흥미롭게 논의된다.

추적

Nahin(2007)은 추적 문제의 역사, 해석, 응용을 모두 한 권에 담아 살펴볼 수 있는 종합서다.

상대성

Isaacson(2007)은 아인슈타인의 삶을 통찰력을 갖고 아름답게 쓴 전기다. 상대성 이론과 아인슈타인의 여타 과학적 공헌에 대해서도 알기 쉽게 잘 설명하고 있다.

'네 마리 개의 추적 문제'에 대한 마틴 가드너의 정식화 및 미적분을 이용하지 않는 해법은 Martin Gardner(1994)에서 찾을 수 있다; 16번 문제인 '연정에 빠진 벌레The Amorous Bugs'를 보라. 가드너 덕분에 이 문제가 대중화된 사연을 포함한 흥미로운 뒷이야기들에 대해서는 Nahin(2007)의 제3장에서 다뤄진다.

무리수성

Maor(2007)는 피타고라스의 정리와 그 폭넓은 중요성을 즐겁게 풀어낸다. 부록 D에 제시된 간단한 증명은, 비단 2뿐만 아니라 그 어떤 소수이건 제곱근이 무리수임을 보인다.

이동

피보나치 수열은 계수가 상수인 선형 차분difference방정식을 만족한다. Goldberg(1986)와 Elaydi(2005)는 차분방정식과 그 응용에 대해 알기 쉽게 설명한다.

식탁보 위에 쓴 증명

파인만이 적분함수를 미분하는 기법을 어떻게 배우게 되었으며, 이후 그것이 훗날 그의 연구에서 얼마나 큰 가치를 지니게 되었는지에 대한 유쾌한 이야기는 Feynman(1985)의 "A Different Box of Tools" 챕터를 보라. 혹시 이 책을 아직 읽지 않았다면, 정말 훌륭한 책이다. 물리학자가 되고자 하는 사람이라면 반드시 읽어봐야 한다.

파인만은 Woods(1926)를 보며 고급 미적분을 독학으로 배웠다고 말한다. 이 고전 교재에는 오늘날 우리가 학생들에게 제시하는 예제들보다 훨씬 더 풍성한 사례들이 담겨 있다. 적분함수의 미분 기법은 141~163쪽에서 다뤄진다.

Keener(1988)와 Simmons(1991)는 감마함수에 대한 훌륭한 입문서이다.

승려와 산

이 문제에 대해 마틴 가드너가 제시한 판본은 Gardner(1994)을 보라. 50번 문제인 "고정점 정리A Fixed-Point Theorem"에 실려 있으며, 74쪽에서 해설과 코멘트도 확인할 수 있다. 가드너는 이 문제를 1961년 6월과 7월, 잡지 《사이언티픽 아메리칸》의 "수학적 게임Mathematical Games"이라는 칼럼에서 처음 소개했다. 그는 이 문제를 심리학자 레이 하이먼Ray Hyman을 통해 알게 되었다고 말하는데, 하이먼은 이를 다시 게슈탈트 심리학자 카를 둔터Karl Duncker의 소논문 〈문제 해결에 관하여On Problem Solving〉에서 발견한 것이었다. 이 문제는 Koestler(1964)에 실리면서 대중적으로 더욱 알려지게 되었다.

그 이후로 심리학 강의와 창의성에 관한 책에서 단골 소재가 되었다. 예컨대 베스트셀러인 Adams(2001)을 보라.

McMahon and Bonner(1983)에는 그림과 다양한 실제 사례를 통해 차원 해석이 잘 설명되어 있다. 수학적 모델링에서 차원 해석이 어떻게 사용되는지를 알고자 한다면 Bender(1978)와 Lin and Segel(1988)을 보기 바란다.

월리스의 공식은 Simmons(2007)의 B.12 항목에 수학적·역사적 측면 모두 잘 다뤄져 있다.

무작위성

몬티 홀 문제는 조프 선생님과 내가 이 문제를 논의하던 당시에는 신선했지만, 최근에는 확률에 관한 대중서들에 지나치게 많이 소개되면서 다소 진부해진 것 같다. 그런 책들 대신 "Ask Marylin" 웹사이트를 찾아보길 권한다(현재 사이트 말소됨—편집자). 그녀에게 쏟아진 우스꽝스런 분노와 혹평이 담긴 편지는 물론, 그녀의 차분한 답변을 볼 수 있다. 감동적이면서도 기묘한 매력이 넘치는 소설인 Haddon(2003)을 보는 것도 좋다. 62~65쪽에서 몬티 홀 문제를 다룬다.

무한과 극한

조프 선생님을 당황하게 만들었던 극한 문제가 Boyer and Merzbach(1991)의 384쪽에 나온다. 적분을 점근적으로 구하는 라플라스의 기법에 관한 설명이 Bender and Orszag(1978)의 6.4절과

Keener(1988)의 10.3절에 실려 있다. 솔직히 이 내용을 이해하려면 미적분 이상의 대학 수학을 몇 과목쯤은 수강해야 한다고 생각한다.

혼돈

혼돈 이론을 아주 뛰어나게 알기 쉽게 설명한 것은 Gleick(1987)이다. 혼돈에 관한 수학과 그 다양한 과학적 응용에 대한 입문서로는 Strogatz(1994)가 적합하다.

이 장에서 등장하는 무한곱은 '비에타Vieta의 곱'이라고도 알려져 있으며, Simmons(2007)의 B.9절에 그 증명이 있다.

축하

《루미스 채피 매거진》 2000년 겨울호에는 돈 조프레이 부부의 은퇴를 기념하는 길고도 애정 어린 기사 두 편이 실려 있다. 세인트존 성당에서 내가 했던 연설 원고는 11~13쪽에 등장한다.

가장 빠른 내리막

사이클로이드, 등시 곡선, 최단 시간 경로 등의 성질 및 흥미로운 역사적 해설은 Simmons(2007)의 B.21과 B.22를 보라.

분기

분기 이론의 기본 개념에 대해선 Gleick(1987)에 소개되어 있고, Strogatz(1994)에서 보다 수학적인 형태의 설명을 찾아볼 수 있다.

조프가 2004년 1월 17일 자 편지에서 언급했던 마젤란에 관한 책은 Bergeen(2003)이다.

헤론의 공식

제논의 역설에 대해서는 Mazur(2008)을 보라.

헤론의 공식은 Simmons(2007)의 A.7절 222~225쪽에 설명과 증명이 실려 있다.

한편 시먼스는 '헤론의 공식'의 사각형에 대한 자연스러운 일반화가 실제로는 존재한다고 지적한다(편지에서 보듯, 조프 선생님은 그런 것이 존재할 수 없다고 여기며 스스로를 책망했다). 핵심은, 그러려면 해당 사각형이 원에 내접해야 한다는 것이다. 이 조건이 만족되면, 조프 선생님이 증명하려고 애썼던 그 공식이 정말로 성립한다. 이 결과는 7세기에 인도의 수학자 브라마굽타가 발견했으며, '브라마굽타의 공식'이라고 불린다. 자세한 내용은 Simmons(2007), 222~225쪽을 참고하라.

참고문헌

J. L. Adams, *Conceptual Blockbusting: A Guide to Better Ideas* (Basic, New York, 2001), pp. 4-5.

C. M. Bender and S. A. Orszag, *Advanced Mathematical Methods for Scientists and Engineers* (McGraw-Hill, New York, 1978).

E. A. Bender, *An Introduction to Mathematical Modeling* (Dover, Mineola, New York, 2000).

L. Bergreen, *Over the Edge of the World: Magellan's Terrifying Circumnavigation of the Globe* (William Morrow, New York, 2003).

C. B. Boyer and U. C. Merzbach, *A History of Mathematics*, 2nd Edition (Wiley, New York, 1991).

W. Dunham, *The Calculus Gallery: Masterpieces from Newton to Lebesgue* (Princeton University Press, Princeton, New Jersey, 2004).

S. Elaydi, *An Introduction to Difference Equations*, 3rd Edition (Springer, New York, 2005).

R. P. Feynman, *"Surely You're Joking, Mr. Feynman!": Adventures of a Curious Character* (W. W. Norton, New York, 1985).

M. Gardner, *My Best Mathematical and Logic Puzzles* (Dover, Mineola, New York, 1994).

J. Gleick, *Chaos: Making a New Science* (Viking, New York, 1987).

S. Goldberg, *Introduction to Difference Equations* (Dover, Mineola, New York, 1986).

M. Haddon, *The Curious Incident of the Dog in the Night-Time* (Doubleday, New York, 2003).

W. Isaacson, *Einstein: His Life and Universe* (Simon and Schuster, New York, 2007).

J. P. Keener, *Principles of Applied Mathematics: Transformation and Approximation* (Addison-Wesley, Redwood City, CA, 1988).

A. Koestler, *The Act of Creation* (MacMillan, New York, 1964), pp. 183-184.

C. C. Lin and L. A. Segel, *Mathematics Applied to Deterministic Problems in the Natural Sciences* (Society for Industrial and Applied Mathematics, Philadelphia, 1988).

M. Livio, *The Golden Ratio: The Story of Phi, the World's Most Astonishing Number* (Broadway, New York, 2002).

E. Maor, *The Pythagorean Theorem: A 4,000-Year History* (Princeton University Press, Princeton, New Jersey, 2007).

J. Mazur, *Zeno's Paradox: Unraveling the Ancient Mystery Behind the Science of Space and Time* (Plume, New York, 2008).

T. A. McMahon and J. T. Bonner, *On Size and Life* (Scientific American Library, New York, 1983).

P. J. Nahin, *Chases and Escapes: The Mathematics of Pursuit and Evasion* (Princeton University Press, Princeton, New Jersey, 2007).

A. S. Posamentier and I. Lehmann, *The Fabulous Fibonacci Numbers* (Prometheus, New York, 2007).

G. F. Simmons, *Differential Equations with Applications and Historical Notes*, 2nd Edition (McGraw-Hill, New York, 1991).

G. F. Simmons, *Calculus Gems: Brief Lives and Memorable Mathematics* (Mathematical Association of America, Washington DC, 2007).

S. H. Strogatz, *Nonlinear Dynamics and Chaos: With Applications to Physics, Biology, Chemistry, and Engineering* (Perseus, Cambridge, Massachusetts, 1994).

F. S. Woods, *Advanced Calculus: A Course Arranged with Special Reference to the Needs of Students of Applied Mathematics* (Ginn, Boston, 1926).

사진 출처

21쪽 Loomis Chaffee Archives, 1974.

139쪽 Loomis Chaffee Archives, 1990.

193쪽 Leo Sorel Photography, 1999.

249쪽 Michael Chen, Loomis Chaffee Archives, 1992.

우정의 미적분

1판 1쇄 펴냄 2026년 4월 8일

지은이   스티븐 스트로가츠
옮긴이   김일선
편 집   안민재
디자인   룩앳미
인쇄·제책   아트인

펴낸곳   프시케의숲
펴낸이   성기승
출판등록   2017년 4월 5일 제406-2017-000043호
주 소   (우)10885, 경기도 파주시 책향기로 371, 상가 204호
전 화   070-7574-3736
팩 스   0303-3444-3736
이메일   pfbooks@pfbooks.co.kr
SNS   @PsycheForest

ISBN   979-11-89336-91-2   03410

책값은 뒤표지에 표시되어 있습니다.